Ulrike Amler

Mein Pferd

KOSMOS

Das höchste Glück
Freundschaft mit Pferden

Das faszinierende Wesen der Pferde

Pferde begleiten den Menschen seit mehreren Tausend Jahren in hingebungsvoller Treue. Sie erst haben die Erschließung vieler Lebensräume möglich gemacht und den Menschen später bei der Arbeit, auf Reisen und heute überwiegend in Sport und Freizeit begleitet.

Kraftvoll und sanft

Pferde sind bescheidene Wesen. Sie verfügen über Größe, Schönheit, Kraft, Schnelligkeit und Wildheit. Uns Menschen sind sie damit körperlich weit überlegen. Das mag ein Grund sein, weshalb von ihrer Stärke selbst Menschen fasziniert sind, die nie auf ein Pferd steigen würden. Die Vierbeiner zeigen sich aber zurückhaltend. Von Natur aus sind die Tiere sanftmütig und scheu.

Arbeitskollege und Freizeitkumpel

Der Reitsport ist schon lange kein exklusiver Zeitvertreib mehr, sondern im Breitensport fest etabliert. Reiter und Pferdebesitzer finden sich quer durch alle Schichten, und mancher Pferdefreund bringt große Opfer für die Verwirklichung seines Traumes vom eigenen Pferd. Der Dichter Ronald Duncan (1914 – 1982) beschreibt in seinem Gedicht „Das Pferd" treffend die

Einstellung vieler Menschen zu den Vierbeinern:

„Wo in der Welt kann der Mensch Adel ohne Hochmut, Freundschaft ohne Eifersucht und Schönheit ohne Eitelkeit finden? Hier, wo Anmut mit Muskelkraft einhergeht und Stärke von Sanftmut bezwungen wird, wo ohne Untertänigkeit gedient und ohne Feindschaft gekämpft wird. Nichts Mächtigeres, nichts Beherrschteres, nichts Schnelleres und nichts Geduldigeres ist zu finden."

Pferde strahlen Ruhe und Wärme aus.

⬇ *Ganz schön stattlich, so ein Ross.*　　　　⬇ *Der Umgang mit Pferden macht glücklich.*

Auf Wachstumskurs

Weltweit gibt es rund 60 Millionen Pferde, die den Menschen als Freizeitpartner, viel häufiger jedoch zum Erwerb des Lebensunterhalts begleiten. Darauf verweist das World Conservation Monitoring, eine Datenbank für Naturschutz unter dem Dach der Vereinten Nationen.
In Deutschland, Österreich und der Schweiz liegen jedoch die Freizeitreiter an der Spitze und nehmen an Zahl weiter zu.

Bewegte Vergangenheit

Die Entwicklungsgeschichte des Pferdes ist rund 60 Millionen Jahre alt und aus geografischer Sicht sehr bewegt. Die ersten fuchsgroßen Urpferdchen lebten in den Wäldern Nordamerikas und Europas. Mit hinten vier und vorne fünf Zehen waren sie noch weit vom Einhufer entfernt und ernährten sich von Laub. 20 Millionen Jahre später starben die kleinen Pferde in Europa aus ungeklärter Ursache aus. Das Eohippus oder „Pferd der Morgenröte" passte sich in Nordamerika den veränderten Klimabedingungen an und arrangierte sich mit seinem neuen Lebensraum Steppe. Das Stadium des Einzehers erreichten die Vorfahren unserer Pferde vor 25 bis 15 Millionen Jahren. Zu dieser Zeit waren sie so groß wie unsere Ponys. Der Pliohippus in Nordamerika ähnelte schon vor rund 12 Millionen Jahren dem Hauspferd unse-

⬇ *Groß oder klein? Pferde gibt es von S bis XL.*

rer Zeit. Über die bestehende Landbrücke im Bereich der heutigen Beringstraße zwischen Alaska und Sibirien wanderte das Urpferd zurück nach Asien und Europa, bevor seine Nachfahren während der letzten Eiszeit in Nordamerika völlig ausstarben. Pferde kamen erst mit den spanischen Eroberern zurück. Verwilderte Nachfahren dieser Pferde sind heute die Mustangs.

Pferdetypen

Pferde sind heute weltweit zwischen den Polarkreisen im Norden und Süden heimisch. Auf fast allen Kontinenten begleiten sie den Menschen als Arbeitstiere, Sport- oder Freizeitpartner. Manche Rassen

blicken auf eine viele Jahrhunderte alte Geschichte zurück, andere sind noch heute sehr heterogen und weisen auf mehr oder weniger zufällige Anpaarungen der vorhandenen Tiere hin.

⬆ *Kaum zu glauben! Das Pferd ist mit Nashorn und Tapir verwandt.*

Wann ist ein Pferd ein Pferd?

Die Pferdezucht der Wikinger basiert auf einer Vielzahl unterschiedlicher Pferdetypen, die die räuberischen Seefahrer von ihren Beutezügen mitbrachten.

Größe und Kaliber

Pferde gibt es heute in Größen, die vom „Handtaschenformat", wie die Minishettys, bis zum Shire Horse von der Dimension einer Schrankwand reichen. Größe und Kaliber sind typische Merkmale einer Rasse. Hippologen versuchen, die Rassen einem von vier Urtypen zuzuordnen, was jedoch auch Kennern nicht immer leichtfällt. Wissenschaftler äußern Zweifel an dieser Theorie, die durch Untersuchungen genetischer Spuren bislang nicht bestätigt werden konnte.

Das etwa 120 cm große Nordpony war in Nordeuropa und Ostasien beheimatet. Mit seinem festen glatten Sommerfell und einem dichten Winterfell mit dicker Unterwolle war es an das dort vorherrschende feucht-kalte Klima mit rauem Wind bestens angepasst.

Das Tundrenpony war mit 140 bis 170 cm deutlich größer und massiger. Sein Lebensraum reichte weit in den Norden mit sehr kaltem Klima. Seine gute Futterverwer-tung und den „kalibrigen" Körperbau findet man heute noch in vielen schweren Pony- und Kaltblutrassen.

In den wärmeren Regionen Asiens und Nordafrikas lebte das Ramskopfpferd, mit 140 bis 160 cm Widerristhöhe das südliche und deutlich leichter gebaute Pendant zum Tundrenpony. Der typische Ramskopf hat sich beispielsweise in der Rasse der Berber und den darauf aufbauenden barocken Pferderassen wie den iberischen Pferden, Lippizanern oder den portugiesischen Sorraias erhalten.

Das Steppenpferd war ein zierlicheres, 120 cm großes Pony, das zwischen Ägypten und Südasien lebte und auf der Nahrungssuche weite Wege zurücklegte.

Vom Wildtier zum Haustier

An den Grenzen der Verbreitungsgebiete verschiedener Pferdetypen kam es zu ersten Kreuzungen. Eine stärkere Durchkreuzung erfuhren die Pferde- und Ponytypen

sicherlich in der Zeit, als Menschen mithilfe des Pferdes weite Räume durch Krieg und Handel neu erschlossen. Erst vor rund 5500 Jahren wandelte sich die Nutzung vom Beutetier und Fleischlieferanten hin zum gezähmten Arbeitstier, das nützlich für den Transport und kriegerische Auseinandersetzungen war. Damit wurde das Pferd sehr viel später als andere Haustiere, wie zum Beispiel Hunde, Rinder, Schafe, Ziegen oder Schweine, gezähmt. Wissenschaftler gehen davon aus, dass Menschen an unterschiedlichen Orten etwa gleichzeitig begannen, Pferde zu halten und gezielt zu nutzen.

Forscher haben im Norden Kasachstans bei Ausgrabungen Spuren gefunden, die von einer Nutzung des Pferdes zu dieser Zeit zeugen. Abnutzungserscheinungen an Fußknochen und Zähnen weisen auf die Verwendung als Lasttier und das Benutzen von Zügeln hin. In Keramikschalen der Bontai-Kultur fanden die Wissenschaftler Spuren von Pferdemilch, die asiatische Völker auch heute noch trinken.

Weitere Funde aus dieser ersten Zeit der Domestikation stammen aus China und der Ukraine.

Der amerikanische Kontinent war bis zur Eroberung durch die spanischen und portugiesischen Seefahrer pferdefrei. Nachkommen der damals eingeführten Pferde sowie die Nachkommen der Tiere, die später mittel- und nordeuropäische Einwanderer einführten, bildeten die züchterische Grundlage der heutigen amerikanischen Rassen.

Einteilung heute

Die heutigen Pferderassen sind meist durchgezüchtet und sehr homogen in ihren Merkmalen. Eine oft strenge Selektion hat die Vererbungssicherheit für bestimmte Eigenschaften deutlich erhöht. Entsprechend sicher lassen sich Pferde auch hinsichtlich ihrer Eignung für bestimmte Reitsportdisziplinen oder Arbeitsaufgaben einteilen. Manche zeigen aufgrund ihres Körperbaus und ihrer Bewegungsmecha-

Der edle Vollblutaraber wurde zur Veredelung in viele andere Rassen eingekreuzt.

Warmblutpferde sind vielseitige Sportler – bewegungsfreudig und leistungsbereit.

nik mehr Talent für Dressur, Springen oder Disziplinen des Westernsports. Andere eignen sich aufgrund ihrer körperlichen Voraussetzungen wiederum eher zum Fahren oder für Zugwettbewerbe. Pferderassen teilt man heute aufgrund ihrer Körpergröße und -masse, aber auch ihres Temperamentes in Vollblüter, Warmblüter, Kaltblüter und Ponys ein.

Vollblut

Vollblüter haben viel Temperament und Bewegungspotential. Sie sind größere, edel und elegant anmutende Pferde mit einem „trockenen", das heißt feingliedrigen Körperbau. Das Stockmaß liegt zwischen 150 und 160 cm. Vollblütige Pferde besitzen oft eine konkav geschwungene Nasenlinie (Araberknick), große ausdrucksvolle Augen, zierliche Ohren und große Nüstern. Vollblütige Rassen wie Araber oder englische Vollblüter werden häufig zur Veredelung von Warmblut- und größeren Ponyrassen eingesetzt.

Warmblut

Das Warmblut ist der Inbegriff für das heutige Sport- und Freizeitpferd. Es ist ein richtiger Allrounder und meist über 160 cm groß. Das Warmblut ist aus vielseitigen leichteren Arbeitspferden durch Veredelung mit Vollblütern entstanden. Im großen Spring- und Dressursport sind fast ausschließlich europäische Warmblutrassen anzutreffen.

Kaltblut

Kaltblüter haben keineswegs eine geringere Körpertemperatur, sondern meist ein etwas ruhigeres Temperament als Pferdetypen mit sportlicherem Gebäude. Sie bringen es durchschnittlich auf 150 bis 160 cm Widerristhöhe und bis zu einer Tonne Gewicht. Damit sind sie die Kraftsportler unter den Pferden und meist vor dem Wagen anzutreffen. Neben dem Ziehen von Kutschen oder traditionellen Prunkgespannen von Brauereien arbeiten sie wieder häufiger in schwer zugänglichen Forstgebieten. Leichtere Kaltblutrassen, wie der Schwarzwälder Fuchs, finden unter Freizeitreitern immer mehr Freunde.

Pony

Zu den Ponys zählen alle kleinen Pferde mit weniger als 148 cm Stockmaß. In ihrem Erscheinungsbild sind sie sehr uneinheitlich: Zwischen Minivollblütern (American Shetland Pony) und Minikaltblütern (Highlandpony) sind alle Pferdetypen im Kleinformat zu finden.
Bis auf wenige größere und stabilere Rassen, wie Norweger, Isländer und Haflinger, mit denen sich meist Erwachsene auf Turnieren messen, sind Ponys im Kinderturniersport, als Fahrpferde oder einfach nur als Landschaftspfleger aktiv.

Der Norweger ist ein vielseitiges Pony und auch von Erwachsenen zu reiten.

Das Przewalski-Pferd

Lange Zeit dachte man, dass das ursprünglich aus der mongolischen Steppe stammende Przewalski-Pferd ein Vorfahre unserer heutigen Hauspferde sei. Erst moderne DNA-Analysen haben vor wenigen Jahren die Wahrheit ans Licht gebracht: Bereits vor 120 000 bis 240 000 Jahren haben sich die Entwicklungslinien von Hauspferd und Przewalski-Pferd getrennt. Deutliche Merkmale, die diese These belegen, sind beispielsweise die unterschiedliche Zahl der Chromosomen und der Brustwirbel. Trotzdem sind das Hauspferd und das falbfarbene Wildpferd untereinander fortpflanzungsfähig. Nikolai Przewalski hat die kräftigen kleinen Pferde 1878 in der mongolischen Steppe entdeckt. Aufgrund des Jagd- und Beweidungsdrucks durch Viehhirten ist das Przewalski-Pferd seit den 1960-er Jahren so gut wie ausgestorben. Die heutige Population stammt von zwölf Przewalski-Pferden und einem mongolischen Hauspferd ab und lebt größtenteils in Tierparks. Weltweit initiierten Zoos in letzter Minute Nachzuchtprogramme zur Rettung dieser Wildpferdeart. Seit den 90er-Jahren werden Przewalski-Pferde wieder in der Mongolei und in Kasachstan angesiedelt, wo sich ihr Bestand langsam stabilisiert.

An halb wild lebenden Przewalski-Herden kann das natürliche Pferdeverhalten beobachtet werden.

Mehlmaul und Stehmähne kennzeichnen jedes Przewalski-Pferd.

Das Przewalski-Pferd trägt seinen Namen nach seinem Entdecker.

Die Zebra-Streifung an den Beinen deutet auf das wilde Erbe hin.

Farben und Abzeichen
Die bunte Welt der Pferde

Ein gutes Pferd hat keine Farbe und doch findet jeder Pferdefreund unter der Vielfalt an Fellfärbungen und Abzeichen seinen Favoriten.

1 *Typisch für den Falben ist der helle Körper, die schwarze oder dunkelbraune Mähne, der Aalstrich und andere Wildfarbigkeitsabzeichen wie Zebrastreifen an den Beinen.*

2 *Schimmel werden in einer dunklen Grundfarbe geboren und schimmeln dann mit jedem Fellwechsel weiter aus, bis sie im Alter völlig weiß sind.*
Rappen haben schwarzes Deckhaar und Langhaar, das je nach Jahreszeit auch leicht aufgehellt sein kann.
Braune besitzen rötliches bis bräunliches Fell in allen Schattierungen zu schwarzem Langhaar, Beinen und Ohrspitzen.

4 *Füchse gibt es in viele Farbnuancen von „Milchkaffeefarben" bei Isabellen bis nussbraun-einfarbig oder mit aufgehellter Mähne bei „Lichtfüchsen".*

3 *Der Schecke hat neben seiner Grundfarbe klar umgrenzte andersfarbige Bereiche, die über normale Abzeichen hinausgehen.*

5 Durchgehende Blesse

6 Schmale Blesse

7 Flämmchen

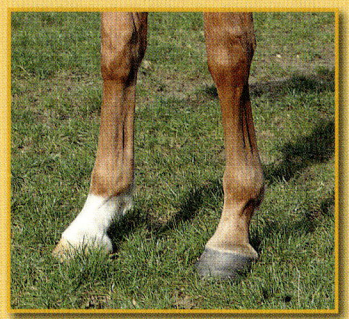

8 Weiße Fessel

9 Tigerschecke

10 Auf den ersten Blick sehen alle Pferde dieser Herde braun aus. Bei näherem Betrachten sind die individuellen Unterschiede jedoch deutlich zu erkennen.

Wie spricht mein Pferd?
Pferde verstehen

Mit allen Sinnen

Pferde sind sehr soziale Wesen, die sich untereinander fast ausschließlich durch ihre differenzierte Körpersprache austauschen. Der Mensch muss diese Zeichen deuten und anwenden können, um sich mit dem Pferd durch Körperhaltung, Standpunkt und Gesten zu verständigen – so können Mensch und Tier zu einem harmonischen Miteinander finden.

Zusammenspiel der Sinne

Funktionsfähige Sinne sind für das Fluchttier Pferd überlebensnotwendig und zugleich ein wichtiges Kommunikationsmittel unter Herdenmitgliedern. Für das Erspüren von Stimmungsschwankungen und Gemütszuständen ist die feine Nase zuständig. Augen und Ohren überwachen die Umgebung, obwohl der Lebensraum Steppe meist einem übersichtlichen Stall gewichen ist. Wer die Bedeutung der Sinne von Pferden versteht, hat einen wichtigen Schlüssel zu ihrem Verhalten gefunden, das dann auch für Menschen berechenbar wird.

Geruch

Für Pferde ist der Geruchssinn elementarer Bestandteil der Kommunikation. Mit ihrer feinen Nase und dem Jacobsonschen Organ, dem Gerüche über die Maulhöhle zugeleitet werden, nehmen die Tiere feinste Gerüche wahr. Durch ihren Geruchssinn entschlüsseln Pferde Nachrichten ihrer Artgenossen. Manche von ihnen mögen einander – sie „können sich riechen", andere dagegen nicht. Pferde wittern auch unsere Stimmungen. Der menschliche Angstschweiß entgeht ihnen trotz Deo nicht.

Begrüßung unter Pferden Nase an Nase: Wer bist denn du?

Besondere Düfte

Beim Flehmen zieht das Pferd die Oberlippe weit nach oben und saugt die spannenden Gerüche in die Maulhöhle. Dort werden sie mit dem Jacobsonschen Organ, das an der Basis der Nasenscheidewand sitzt, analysiert. Dieses Organ ist uns Menschen im Laufe der Evolution abhanden gekommen. Vor allem wenn Sexuallockstoffe in der Luft liegen, setzen Pferde diese Riechmethode ein.

Ein gereizter oder gestresster Mensch wirkt auf das Pferd unangenehm und lässt es misstrauisch werden. Ob Freund oder Feind, entscheiden Pferde mit der Nase. Dementsprechend können Gerüche auch Alarm- und Fluchtbereitschaft auslösen. Bei der ersten Begegnung beschnuppern Pferde einander an den Nasen. Lassen Sie ein fremdes Pferd deshalb zur Begrüßung an ihren Händen riechen.

Geschmack

Geschmackssinn und Geruchssinn arbeiten Hand in Hand. Insbesondere bei der Futteraufnahme ist er überlebenswichtig

↑ *Zärtlich untersucht die Stute ihr Fohlen mit der Nase. Seinen Geruch hat sie sich eingeprägt.*

↑ *Das junge Pferd lernt mit den ersten Bissen den Geschmack genießbarer Futterpflanzen kennen.*

und schützt Pferde vor der gesundheitsschädlichen Wirkung giftiger Pflanzen.
Den Geschmack der gerupften Gräser und
Kräuter analysieren Pferde in der Mund-
höhle und vor allem auf den vorderen zwei
Dritteln der Zunge. Der Körper reagiert auf
den Geschmack mit Botenstoffen, die ent-
weder den Verdauungsapparat des Pferdes
ankurbeln oder ihm den Appetit verderben. Es ist nicht sicher, ob Pferde eine
geschmackliche Differenzierung zwischen
salzig, sauer, süß und bitter haben. Jedoch
bevorzugen alle Säugetiere Süßes, denn
auch der Geschmack von Muttermilch ist
immer süßlich und bedeutet gefahrlosen
Verzehr.

Tasten

Pferde tasten aktiv mit den Lippen, die
über mehr Nervenenden je Quadratzenti-
meter verfügen als unsere Fingerspitzen.
Mit den borstigen Tasthaaren um das Maul
herum untersucht das Pferd seine nähere
Umgebung und schätzt Entfernungen ab.
Pferde, deren Tasthaare abgeschnitten wurden, können beispielsweise die Entfernung
zum Futtertrog nicht mehr richtig taxieren
und schlagen mit Lippen und Zähnen
schmerzhaft auf. Die Tasthaare unterhalb
der Augen schützen das wichtige Sinnesor-
gan vor Verletzungen. Tasthaare erfüllen
eine sehr wichtige Funktion und dürfen
daher grundsätzlich nicht entfernt werden,

Die Tasthaare an den Lippen signalisieren, wie viel Spiel mit den Zähnen sein darf, bevor der Kumpel es ernst nimmt.

man verstößt dabei sogar gegen das Tier-schutzgesetz! Wer Pferde spielen und sich mit den scharfen Zähnen gegenseitig krau-len sieht, mag denken, dass die Vierbeiner besonders dickfellig sind. Das Gegenteil ist jedoch der Fall. Die robust wirkende Haut nimmt sehr sensibel jede Landung einer Fliege wahr und versucht sie reflex-artig abzuschütteln. Die Berührungen zwischen Mensch und Pferd haben eine ebenso große Bedeutung wie die zwischen befreundeten Pferden, die Körperkontakt zulassen. Sie dienen der Freundschafts-pflege und der Vertrauensbildung.

⬆ *Mit gespannter Aufmerksamkeit verfolgt das Pferd mit Augen und Ohren das Geschehen in der Ferne.*

Sehen

Das Sehvermögen von Pferden unterschei-det sich deutlich von dem des Menschen. Pferde haben mit einem Sichtfeld von 330 bis 350 Grad durch die seitlich liegen-den Augen fast Rundumsicht. Das ist lebenswichtig für das Fluchttier. Das Farb-sehen ist, wie das räumliche Sehen, einge-schränkt. Letzteres ist lediglich im binoku-laren Gesichtsfeld vor der Stirn des Pferdes in einem Winkel von etwa 30 bis 70 Grad möglich. Hier arbeiten beide Augen zusammen. Hinter dem Kopf und direkt vor der Nase haben die Vierbeiner einen toten Winkel, der nur durch Kopfdrehen erfasst werden kann. Pferde sehen vermut-lich nicht so scharf wie Menschen, erken-nen dafür aber auf große Entfernungen kleinste Bewegungen sehr viel schneller. Reiter, die sich über die Sehfähigkeit ihres Pferdes im Klaren sind, werden dem Vier-beiner die Möglichkeit einräumen, Unbe-kanntem den Kopf zuzuwenden. Nur so sieht das Fluchttier einigermaßen klar und kann die Gefahr einschätzen.

Hören

Pferde haben ein feineres Gehör als wir Menschen. Unmittelbarer Lärm erschreckt sie, Dauerlärm stresst sie. Pferde nehmen vor allem Geräusche in der Ferne wahr. Das Hörvermögen reicht bis in den Ultra-schallbereich hinein und es ist nicht aus-zuschließen, dass Pferde sich damit auch im Raum orientieren. Die großen Tüten-ohren nehmen auch im Ruhen und im Schlaf Geräusche aus ihrer Umgebung auf. Dabei können sich die Ohren unabhängig voneinander in alle Richtungen bewegen. Die Augen folgen bei interessanten Geräu-schen oft den Ohren.

Wie Pferde wahrnehmen

Stressfreier Umgang mit Pferden gelingt nur, wenn wir uns Tag für Tag bewusst machen, wie Pferde ihre Umwelt wahrnehmen und die Eindrücke verarbeiten.

Der ursprüngliche Steppenbewohner hat an der Qualität seines auf Weitblick ausgerichteten Sehsinns auch im horizontlosen Stall nichts eingebüßt. Allerdings kann das Pferd in seinem oft reizarmen Alltag auch nur solche Bewegungen und Gegenstände als ungefährlich einordnen, die es im Laufe seines Lebens kennengelernt hat. Das Gleiche gilt für Geräusche, die Pferde mit ihren hellhörigen Ohren erfassen.

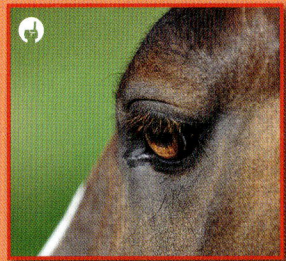

Die Schreckhaftigkeit und Scheu vieler Pferde ergibt sich aus der hohen Fluchtbereitschaft und der geringen Erfahrung von Alltagssituationen, mit denen sie konfrontiert werden. Pferde erschrecken sich beispielsweise nicht zwangläufig vor vorbeifahrenden Lastwagen mit flatternder Plane. Bei Pferden, die immer wieder auf Weiden in Straßennähe grasen, kann man eine hohe Toleranz gegenüber Fahrzeugen aller Art beobachtet werden.

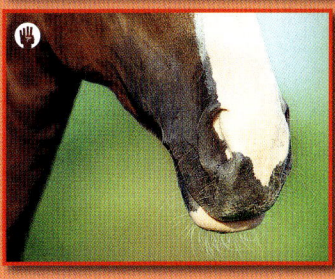

In ihrem näheren Umfeld wirken Pferde manchmal trampelig und tölpelhaft. Durch die wenig ausgeprägte Sehfähigkeit für Gegenstände, die sich in ihrer unmittelbarer Nähe befinden, und die, wenn auch kleinen, toten Winkel übersehen sie ihre Menschen oder Gegenstände regelrecht. Pferde, die wenig Gelegenheit haben, sich in einem natürlichen Umfeld zu bewegen und sich mit Artgenossen auch im Körperkontakt auszutauschen,sind sich ihrer Körperdimensionen selbst nicht bewusst. Ihnen kann man durch Bewusstseinstraining durch Abstreichen mit einer Gerte helfen. Wo ein Pferd hinten aufhört, kann es spüren lernen, indem man beim Longieren eine Bandage am Longiergurt befestigt und oberhalb der Sprunggelenke um die Hinterhand führt.

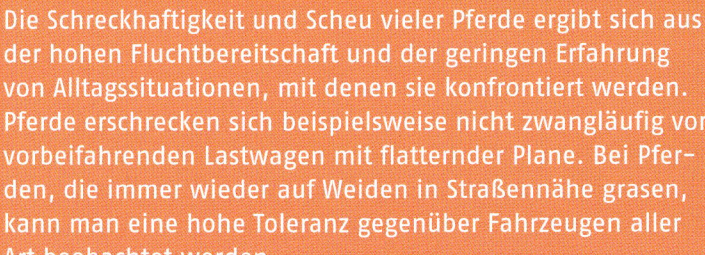

Die Augen haben eine feine Wahrnehmung von Bewegungen in der Ferne. Dadurch können sich die Tiere rechtzeitig vor Raubtieren in Sicherheit bringen.

Gefahr erkennen Pferde am Geruch. Dazu zählen auch Menschen, die nach Angst riechen. Auf die ist aus Pferdesicht kein Verlass.

Pferdeohren sind zusammen mit den Augen ein zuverlässiges Frühwarnsystem. Wenn Pferde beim Ausritt „Gespenster sehen", haben sie meist ein leises Geräusch gehört.

Mit den Tasthaaren kontrollieren Pferde die außerhalb des Sehfeldes liegenden Bereiche des Kopfes. Das Entfernen ist nach dem Tierschutzgesetz verboten.

Typisch Pferd

⬇ *Die natürlichste Haltung des Pferdes ist die in der Herde.*

Pferde sind Herdentiere und ursprünglich in offenen Steppenlandschaften zu Hause. Der streng organisierte Sozialverband gibt den scheuen und stets fluchtbereiten Tieren die nötige Sicherheit. Jedes Tier nimmt einen festen Platz darin ein. Zu einer Auseinandersetzung kommt es meist nur dann, wenn ein neues Pferd zur Herde dazustößt, ein ranghöheres die Herde verlässt oder wenn Jungtiere sich einen höheren Platz erkämpfen. Ranghohe Tiere sind erfahren, führungs- und charakterstark.

Bitte raushalten

Rangordnungskämpfe tragen Pferde in groben Kämpfen aus, die aber nur selten gefährlich sind. Schließlich ist die Sicherheit der Gruppe vor Raubtieren von ihrer Geschlossenheit abhängig. Der Mensch hält sich bei solchen Keilereien auch im Stall schon aus Gründen der eigenen Sicherheit am besten heraus und akzeptiert die Rangordnung unter den Pferden, auch wenn sie nicht der Vorstellung der – zweifellos vorhandenen – Hierarchie unter

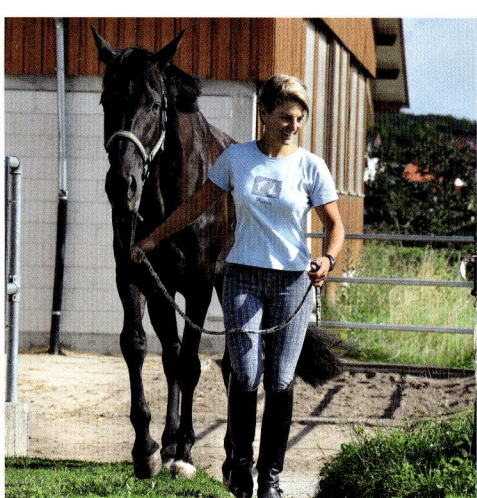

⬆ *Ein Pferd, das nach dem Reiten wieder auf die Weide zu seinen Artgenossen geführt wird, ...*

⬆ *... entlässt man erst, nachdem man das Pferd Richtung Koppelausgang gedreht hat.*

Der Chef darf zuerst an die Tränke. Die anderen warten, ohne zu drängeln.

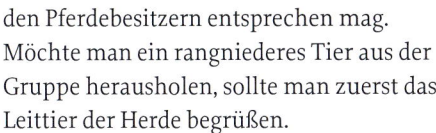

den Pferdebesitzern entsprechen mag. Möchte man ein rangniederes Tier aus der Gruppe herausholen, sollte man zuerst das Leittier der Herde begrüßen.

Der Mensch in der Herde

Die hohe Fluchtbereitschaft und das ausgeprägte Gruppenbewusstsein von Pferden verlangen von uns Menschen Führungsqualität: Selbstsichere und berechenbare Menschen genießen viel leichter Respekt, Aufmerksamkeit und den Willen des Pferdes zu folgen, als Menschen, die grob, launisch oder ängstlich mit dem Pferd umgehen. Ein souveräner Mensch bewegt sich in einer Pferdeherde sicher und nimmt als Zweibeiner die höchste Position ein. So gerät er kaum in Gefahr, zwischen streitende Tiere zu geraten.

Arbeitsteilung ist alles

In freier Wildbahn führt die Leitstute die Herde mit ihrer Erfahrung zu frischen Weidegründen und Wasserstellen. Der Leithengst hält die Herde zusammen und verteidigt sie gegen Konkurrenten. Beide

Das Pferd findet die Situation bedrohlich und versucht sich durch Flucht zu entziehen.

Leittiere sind privilegiert, an Futter- und Wasserstellen Vortritt zu haben. Sie müssen aber auch für Ordnung innerhalb der Herde sorgen, häufiger Wache halten und kommen damit seltener zum Fressen und Ausruhen. Bei der Integration neuer Pferde in eine Herde hat deshalb immer das Leittier den größten Stress. Große Pferdeherden bilden einen Familienverband aus einem Hengst und mehreren Stuten mit ihren Jungtieren. Der Nachwuchs ranghöherer Pferde steigt nach seiner Ablösung von der Mutter meist schon auf einer höheren Rangstufe in der Herde als andere Fohlen.

Pferde schätzen Freundschaften untereinander. Diese geben zusätzlichen Halt innerhalb der Herde.

Boygroups

Junghengste werden mit der Geschlechtsreife vom Hengst aus der Herde vertrieben und rotten sich zu größeren Junggesellenherden zusammen, in denen sie ihre „Freizeit" mit Kampfspielen verbringen. Sie trainieren, bis sich die Gelegenheit zum Kampf um eine Herde mit einem älteren Hengst ergibt. Mancher Junghengst erobert auch mit List einzelne Stuten und gründet seine eigene Familie.

Das Heil in der Flucht

Typisch für das Pferd ist sein ausgeprägter Fluchtinstinkt. Vermeintlichen Gefahren laufen die Vierbeiner – ohne darüber nachdenken zu können – erst einmal Hals über Kopf davon. Dieser Reflex rettet Leben: Schließlich können nicht einmal Herden von Wildpferden einem Raubtierrudel standhalten. Zwischen der Wahrnehmung einer Gefahr und dem Losstürmen liegen nur Sekundenbruchteile. Reiter können Pferde durch Vertrauensarbeit so konditionieren, dass sie ihre Aufmerksamkeit zuerst dem „Leittier Mensch" widmen, das Ruhe und Besonnenheit ausstrahlen sollte. Reagiert dieses gestresst und ängstlich, ist das Pferd meist nicht mehr zu halten.

Pferde sind Kurzschläfer

Pferde brauchen wie wir Menschen regelmäßige Ruhe- und Schlafpausen, die jedoch vergleichsweise kurz ausfallen: Sechs bis acht Stunden ruhen Pferde insgesamt über den Tag verteilt, die meiste Zeit davon im Dösen. Dabei entlastet das Pferd ein Hinterbein und wechselt das „Schlaf-

⊙ *Fohlen liegen die längste Zeit des Tages ruhend oder schlafend in der sicheren Umgebung ihrer Mutter.*

liche Erholung. Diese Phasen – rund zehnmal über den Tag verteilt – dauern selten länger als ein paar Minuten. Fohlen verbringen die ersten drei Lebensmonate zu ungefähr 80 Prozent im Liegen, und auch Jährlinge liegen noch halb so lange wie ihre jüngeren Gefährten. In einer unruhigen oder fremden Umgebung finden Pferde nicht ausreichend Schlaf und zeigen körperliche Stresssymptome.

Gute Freunde

Die Pferdeherde bietet dem einzelnen Tier Schutz und Sicherheit. Innerhalb dieses Verbandes sind Pferde auf die Einhaltung ihrer Individualdistanz bedacht. Nur gute Freunde dürfen sich in unmittelbarer Nähe aufhalten. Pferde schätzen auch körperliche Nähe und Berührung im Spiel und bei der Körperpflege. Dadurch schlagen Pferde zwei Fliegen mit einer Klappe. Sie vertiefen ihre Freundschaft und putzen sich gegenseitig mit ihren Zähnen an Stellen, die sie trotz aller Gewandtheit nicht selbst erreichen können: den Mähnenkamm, Widerrist, Rücken und die Schweifrübe.

bein" regelmäßig alle paar Minuten. Den Tiefschlaf verbringt das Pferd liegend in Brust- oder Seitenlage. In diesen Positionen findet es durch sogenannte Rapid-eye-movement-Phasen (REM) maximale körper-

⊙ *Freunde stehen dösend in der Mittagssonne und vertreiben sich gegenseitig die Fliegen.*

⊙ *Pferde lieben Bewegung, zwischendurch auch mal einen schnellen Sprint.*

Pferdespiele

Pferde sind Bewegungsfanatiker. Wer sie in der Herde, auf der Weide oder in einem geräumigen Laufstall beobachtet, stellt schnell fest, dass neben langen Fress- und kurzen Ruhephasen noch reichlich Zeit für Spiel und Bewegung bleibt. Dabei verfolgen Stuten, Wallache und Hengste völlig unterschiedliche Spielideen.

↻ Zum Kräftemessen findet sich in einer größeren Herde immer ein Spielkamerad.

Training für die Hohe Schule

Wallache und Hengste, die in kleinen oder größeren Gruppen zusammen gehalten werden, verbringen viel Zeit mit Kampfspielen. Hier finden sich viele Elemente der Hohen Schule wieder: Im Spiel traben auch solche Wallache imposant mit hochgewölbtem Hals und gespitzten Ohren, die sich unter dem Sattel nur mäßig engagieren. Die Kämpfer steigen aneinander hoch und beißen sich in Hals oder Ganaschen, um sich kurz darauf mit Zwicken ins Röhrbein oder Karpalgelenk „in die Knie" zu zwingen. Manch einer versucht seinen Gegner gar mit den Vorderbeinen über dem Hals nach unten zu drücken und aus dem Gleichgewicht zu bringen.

Diese Spiele dienen der körperlichen Fitness und dem seelischen Gleichgewicht. Im spielerischen Kräftemessen loten die Pferde auch ihre Rangstellung in der Herde aus. Solche Rangeleien kennen keine Altersgrenze und viele ältere Wallache und Hengste erziehen im Spiel jüngere Geschlechtsgenossen.

Bei Stuten und Stutfohlen lässt sich eine Vorliebe für Rennspiele beobachten. Sehr viel seltener entwickeln auch sie ein Faible für den Nahkampf. Wird es doch mal ernst, bevorzugen Pferdedamen die Auseinandersetzung Popo an Popo: Tief senken sie die Hinterhand und schieben den Gegner mit aller Kraft rückwärts, begleitet von schrillen Schreien. Dabei stehen sie so eng, dass kaum Platz für das Ausholen zu gezielten Tritten mit der Hinterhand bleibt. Die Verletzungsgefahr ist daher gering.

↻ Das Spiel der Wallache sieht wild aus, macht ihnen aber großen Spaß und schult das Köpergefühl.

◐ Bei der Begrüßung checken die Pferde die Stimmung ihres Gegenübers.

◐ Diese Geste signalisiert eindeutig: „Komm' mir bloß nicht zu nahe!"

Mit angezogener Handbremse

Vielen Pferdehaltern ist das Spielverhalten ihrer Pferde suspekt. Aus Angst vor Verletzungen bevorzugen sie daher die bewegungsarme Einzelhaltung in Boxen. Zugegeben, die Kampfspiele sehen für uns Menschen grob und brutal aus, doch das Verletzungsrisiko ist weitaus geringer als es scheinen mag – meist tragen die Tiere nur oberflächliche Kratzer und Macken davon. Das Spiel schult vor allem Körperbewusstsein und Gleichgewichtssinn der Tiere, wodurch es wiederum dem Reiten zugute kommt. Pferde wissen sehr genau, wie viel der Partner verträgt und ab wann es ernst wird. Dementsprechend kämpfen sie mit angezogener Handbremse und Drohgebärden. Pferde, die im Spiel ein Ventil für ihre angestauten Energien haben, sind auch bei der Arbeit ausgeglichener und umgänglicher, da sie im Menschen keinen Sparringspartner suchen. Im Spiel erwerben Pferde Selbstbewusstsein und erfahren Grenzen. Die Bewegung mit Artgenossen ist ein willkommener Ausgleich für ein Leben in einer meist reizarmen Umgebung

Aggressionsverhalten

Pferde sind friedliebende Tiere, doch unumgängliche Auseinandersetzungen führen sie kurz und heftig mit ganzem Körpereinsatz. Streit gibt es meist nur, wenn sich in der Rangordnung nahestehende Tiere auf der „Karriereleiter" hin- und herschubsen, ein neues Pferd seine Position in der Herde auslotet oder Jungpferde aufmüpfig werden. Gekämpft wird vor allem auf den unteren Plätzen in der Hierarchie. Kaum ein rangniederes Pferd würde sich trauen, in der Chefetage zu stänkern.

Meist drohen die Tiere einander mit angelegten Ohren und einem kurzen Schwenk des Kopfes in die gegnerische Richtung. In schwerwiegenden Fällen blecken sie die Zähne. Werden ihre Drohungen ignoriert, tragen Wallache Rangordnungskämpfe oft auch in Stutenmanier mit aneinandergeschobenen Hinterteilen aus. Der Unterlegene gibt meist rasch auf und geht. Ungünstig sind dafür Ställe mit engen Ecken. Aber haben Pferde genug Platz auszuweichen, verletzen sie sich bei solchen Auseinandersetzungen nur selten.

27

So sprechen Pferde

Durch ruhige, sichere Bewegungen bleibt auch das Pferd auf der Weide gelassen und wartet, bis das Halfter befestigt ist.

Pferde sind stille Tiere, die sich bis auf wenige Ausnahmen vor allem durch ihre differenzierte Körpersprache verständigen. Als Mensch sollten wir bereit sein, diese für eine bessere Verständigung mit dem Pferd zu erlernen und selbst anzuwenden. Können wir die Pferdesprache deuten, dann erfahren wir eine Menge über die Befindlichkeit unserer Vierbeiner.

Pferdisch für Menschen

In der Pferdeausbildung nutzt man die Kenntnisse über die Körpersprache des Pferdes vor allem bei der Bodenarbeit und im täglichen Umgang. Hinter der Pferdeschulter nimmt der Ausbilder eine treibende Stellung ein und schickt das Tier vor sich her. Zum Bremsen tritt der Mensch vor die Schulter auf Kopfhöhe. Dazu verwendet er verwahrende Körpersignale wie das Vorstrecken des Armes vor die Pferdebrust oder den Kopf. Wer ein Pferd fangen will, bewegt sich im 45-Grad-Winkel auf das Tier zu und senkt dabei leicht den Kopf. Der tiefe Blick in die Augen eines Pferdes wirkt dagegen als Aufforderung wegzulaufen. Eingespielte Mensch–Pferd–Paare können sich lautlos mit kleinsten Gesten verständigen.

Stellung

In der Herde lässt sich wortwörtlich beobachten, wie die Pferde zueinander stehen: Die freundschaftliche Annäherung erfolgt in ruhigem Tempo von der Seite auf die Schulter des Kameraden zu. Nähert sich ein Tier direkt von hinten, nimmt es eine treibende Position ein und wirkt aggressiv. Direkt von vorne kommend, bewegt ein Pferd das andere zum Abwenden. Dabei schauen sie einander direkt in die Augen. Dies ist auch bei der Eingliederung in eine Herde wichtig. Neue Pferde sollten aus einer Eingliederungsbox Kontaktmöglichkeiten zur bestehenden Gruppe aufnehmen können. Das Eingliedern sollte nach dem ersten Kennenlernen rasch erfolgen, damit das einzeln gehaltene Pferd nicht zu viel Frust aufbaut. Wann immer es geht, gliedert man mehrere Pferde gleichzeitig in eine bestehende Gruppe ein.

Mit Händen und Füßen

Stampfen Pferde kräftig mit den Vorderbeinen auf, bringen sie ihren Ärger oder Unmut zum Ausdruck. Bei der ersten Begegnung mit einem fremden Pferd machen die Tiere einen hohen gebogenen Hals und stehen Nase an Nase voreinander. Dabei schlägt meist eines der Pferde mit dem Vorderbein nach vorne aus – es fühlt sich dem anderen unterlegen. Zieht ein Pferd das Hinterbein unter dem Bauch an, heißt das so viel wie: „Keinen Schritt näher!" Je stärker das Pferd sein Bein dabei anzieht, umso wahrscheinlicher folgt ein kräftiges Ausschlagen. Steht es lediglich mit der aufgestellten Hufspitze da, ruht es. Der gesenkte Hals und entspannt herabhängende Ohren ergänzen das Gesamtbild.

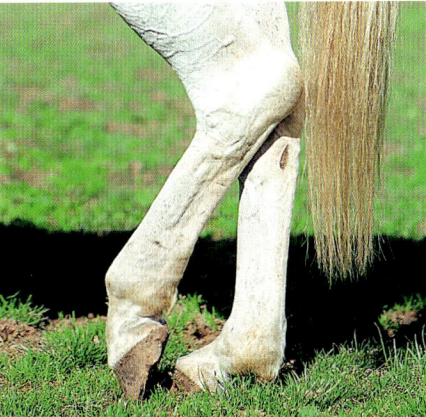

Dieser Schimmel döst mit halb geschlossenen Augen ...

... und entspannt angewinkeltem Hinterbein.

Jedes Individuum hat in der Herde seinen Platz und weiß um die eigene Stellung und die der anderen Pferde.

⬇ *Diese Drohung ist noch harmlos, schlimmer wird es, wenn das Pferd zu den angelegten Ohren noch die Zähne bleckt.*

Ohrensprache

Die Tütenohren sind für das Fluchttier Pferd ein Rundum-Frühwarnsystem. Die Ohren sind fast immer in Bewegung, und das unabhängig voneinander. Gleichzeitig kommuniziert das Pferd sehr intensiv mit den Ohren – jedoch immer im Zusammenhang mit anderen Elementen der Körpersprache, also der Stellung der Tiere zueinander, ihrer Bewegung und dem Ausdruck ihres Mauls.

In Neutralstellung weisen die Ohrmuscheln nach vorne oder leicht zur Seite. Das Pferd ist entspannt. Passiert etwas Interessantes oder Unbekanntes in seiner Umgebung, bewegt es erst ein Ohr in die Richtung und richtet sich dann im Hals auf, um den Kopf mit gespitzten Ohren dem Geschehen zuzuwenden. Bei voller Aufmerksamkeit dreht es sogar den ganzen Körper in die Richtung des Geräusches. Neugier und Zutrauen äußern sich ebenso in gespitzten Ohren.

Hängeohren

Lässt das Pferd die Ohren entspannt zur Seite hängen, ruht es meist. Bei einem Geräusch werden die Ohren jedoch sofort aktiv und richten sich auf. Auch kranke und teilnahmslose Pferde lassen die Ohren nach unten hängen. Zur Seite zeigen auch die Ohren unterlegener Pferd in Auseinandersetzungen.

Vorsicht Angriff!

Flach nach hinten angelegte Ohren ergänzt ein Pferd oft mit gebleckten Zähnen. Hier steht der Angriff kurz bevor. Gleichzeitig

schützt sich das Pferd selbst vor Bissen in die Ohren. Angriffe mit Zähnen erfolgen nämlich meist in Richtung Kopf und Hals. Schlecht gelaunte Pferde oder ranghohe Tiere, die keine Annäherung rangniederer Artgenossen wünschen, bringen ihre Ablehnung mit angelegten Ohren zum Ausdruck. Das Pferd, aber auch ein der Herde unbekannter Mensch, der mit dieser Geste empfangen wird, sollte sich sicherheitshalber erst mal zurückziehen. Aggressives Verhalten gegenüber Menschen ist meist die Folge von Respektlosigkeit oder Angst – aufgrund schlechter Erfahrungen – oder Scheu. Nur erfahrene Pferdeleute können diese Situation auch in einer ihnen unbekannten Pferdegruppe schnell und richtig einschätzen. Sinnvoll ist es deshalb, sich in einer fremden Gruppe mit einer selbstsicheren Körperhaltung zu bewegen.

Pferden richtig begegnen

Pferde beriechen sich gegenseitig und pusten einander mit den Nüstern an. Der Mensch sollte das Pferd bei der ersten Begegnung an seinen Händen und am Gesicht riechen lassen. Weitere Initiativen zur Annäherung sollten dann unbedingt vom Menschen ausgehen. Ein respektloses Pferd, das rüpelhaft Kopfnüsse verteilt oder aufdringlich mit der Nase zu Ärmeln und Jackentaschen strebt, sollten Sie durch Wegdrücken im Bereich der Ganaschen in seine Schranken weisen. Durch Aufrichten des Oberkörpers signalisieren Sie dem Pferd ebenso Ihre Überlegenheit.

Pferdestimmen

Pferde hört man relativ selten wiehern. Meist setzen sie die lauten, durchdringenden „Distanzrufe" ein, um Artgenossen in der Ferne auf sich aufmerksam zu machen. Auch Pferde, die vorübergehend alleine sind, versuchen mit lautem Wiehern Kontakt zu Artgenossen aufzunehmen. Stuten sind meist „gesprächiger" als männliche Tiere. Mit einem tiefen Brummen begrüßen sie ihre Menschen und befreundete Pferde oder rufen nach ihrem Fohlen. Pferde, die sich in Rangordnungskämpfen Po an Po mit den Hinterbeinen beharken, lassen ein schrilles Quieken hören. Ebenso bei einer ersten Begegnung Nase an Nase. Diesen Laut äußern auch rossige Stuten, wenn sich ein Wallach oder Hengst interessiert nähert, die Deckbereitschaft aber seitens der Stute noch gering ist.

Bedürfnisse des Pferdes

In den rund 5000 Jahren, die Pferde den Menschen begleiten, haben sie an ihren arttypischen Verhaltensweisen und Bedürfnissen nichts geändert. Darauf muss der Mensch Rücksicht nehmen, andernfalls drohen dem vierbeinigen Begleiter körperliches und seelisches Leid.

Pferdehaltung ist Verantwortung

Das Tierschutzgesetz schützt das Tier als Mitgeschöpf. Der Mensch, der Umgang mit Pferden hat, ist für den Schutz ihres Wohlbefindens und Lebens verantwortlich.

Paragraf zwei des deutschen Tierschutzgesetzes schreibt vor:
„Wer ein Tier hält, betreut oder zu betreuen hat,
- muss das Tier seiner Art und seinen Bedürfnissen entsprechend angemessen ernähren, pflegen und verhaltensgerecht unterbringen,
- darf die Möglichkeit des Tieres zu artgemäßer Bewegung nicht so einschränken, dass ihm Schmerzen oder vermeidbare Leiden oder Schäden zugefügt werden,
- muss über die für eine angemessene Ernährung, Pflege und verhaltensgerechte Unterbringung des Tieres erforderlichen Kenntnisse und Fähigkeiten verfügen.

Wer die vorangegangenen Kapitel aufmerksam gelesen hat, stellt fest, dass wenig Spielraum bei der Auslegung des Gesetzes möglich ist. Diese strengen Vorgaben sind aber unerlässlich, wenn man Pferde artgerecht halten möchte.

In guter Gesellschaft

So wichtig wie Fressen und Ruhen ist Pferden die Gesellschaft ihrer Artgenossen. Wer Pferden diese wichtigen Sozialkontakte vorenthält, riskiert Verhaltensanomalien, die den Umgang mit dem Pferd schwierig oder unmöglich machen. Wünschenswert ist die Haltung in einem Gruppenlaufstall. Sie ermöglicht die Bildung einer herdenähnlichen Gemeinschaft und bietet ausreichend Raum zur Befriedigung des hohen Bewegungsbedürfnisses. Fohlen und Jungpferde dürfen keinesfalls allein gehalten werden. Ideal ist für sie eine Gruppe aus gleichaltrigen und einigen älteren Pferden, die die Erziehung übernehmen.

Immer in Bewegung

In ihrer natürlichen Umwelt bewegen sich Pferde rund 16 Stunden am Tag in langsamem Schritttempo vorwärts. Von dieser stundenlangen Bewegung sind die Funktionsfähigkeit des Herz-Kreislauf-Systems und der Verdauung abhängig. Beim gemächlichen Gehen wird ständig Futter in kleinen Mengen aufgenommen, nur so viel wie der kleine Magen verarbeiten kann. Eine Stunde Training am Tag kann diese Bewegung nicht ersetzen, sondern muss um mehrere Stunden Auslauf im Paddock oder auf der Koppel ergänzt werden. So können Pferde überschüssige Energie abbauen und ihrem Spieldrang freien Lauf lassen.

⬇ *Pferde fühlen sich nur in Gesellschaft von anderen Pferden richtig wohl und sicher.*

⬆ *Pferde brauchen Bewegung, Bewegung, Bewegung...*

⬇ *Nur in sicherer Umgebung findet sich Ruhe für ein Nickerchen.*

gestresst. In der bevorzugten Gruppenhaltung müssen auch rangniedere Tiere die Möglichkeit zum Liegen haben. Die Box mag auf den ersten Blick mehr Privatsphäre bieten, doch muss hier eine harmonische Nachbarschaft gewährleistet sein. Greifen sich Boxennachbarn durch ständiges Schlagen oder Scheinangriffe hinter Gittern an, kann sich keines der Pferde ausreichend entspannen.

Pause tut gut

Pferde brauchen zum Pausieren Ruheplätze, die ihnen Bequemlichkeit und Sicherheit bieten. Einen weichen, trockenen Boden nehmen sie zum Liegen gerne an. Bei Nässe oder starker Unruhe legen sich die Tiere nicht hin und sind zunehmend

Slow Food

Pferde brauchen ausreichend Zeit für die Futteraufnahme. Starker Konkurrenzdruck oder ein knapp bemessenes Futterangebot führen zu bedenklichen Futterkarenzzeiten und langfristig zu gesundheitlichen Störungen wie Koliken oder Magengeschwüren. Zu wenig Futter

⬆ *Auch genügsame Pferderassen brauchen lange Fresszeiten. Ein Netz über dem Heu verhindert die unkontrollierte Futteraufnahme.*

Für Pferde ist das Wälzen die optimale Fellpflege.

ist ebenso schädlich wie zu große Rationen, qualitativ schlechtes oder gar verdorbenes Futter. Hier schaffen technische Mittel wie Fütterungscomputer oder engmaschige Heunetze Abhilfe, aber auch die mehrmalige Futtervorlage über den Tag verteilt bewirkt eine pferdegerechte Nahrungsaufnahme.

Prima Klima

Pferde haben als einstige Steppentiere einen hohen Bedarf an Licht und frischer Luft. Dank einer gut funktionierenden Thermoregulation können sie sich problemlos ihrer Umgebungstemperatur anpassen und vertragen dadurch starke Temperaturschwankungen über den Tag hinweg sehr gut. Um nicht zu stark in den Temperaturhaushalt einzugreifen, sollte man das Scheren auf ein Mindestmaß reduzieren, besser aber ganz unterlassen. Auch übertriebenes Putzen und Waschen schaden dem Pferd, denn dadurch schwindet die Talgschicht auf der Haut, die den Pferde-

körper wie eine Imprägnierung vor Nässe schützt. Sonnenlicht hat einen großen Einfluss auf den Stoffwechsel und Hormonhaushalt der Tiere. Künstliche Lichtquellen sind kein ausreichender Ersatz. Stallluftbelastungen durch Ammoniak oder Pilzsporen müssen durch eine gründliche Stallhygiene vermieden werden.

Gewusst wie

Menschen, die mit Pferden umgehen, müssen sich über diese Tiere und ihre natürlichen Bedürfnisse informieren, um dem Tierschutzgesetz angemessen handeln zu können. Zu den erforderlichen Kenntnissen gehören das Wissen über die artgerechte Haltung, die medizinische Betreuung, aber auch über den Umgang mit den Tieren und ihrer Gesundheit im Reitsport. Ein Hufschmied sollte regelmäßig die Hufe bearbeiten und bei Erkrankungen oder Verletzungen sollte der Pferdehalter nicht zögern, einen Tierarzt zu Rate zu ziehen.

Verhaltensprobleme von Pferden

●
Das Pferd soll seine Stellung in der Tier-Mensch-Beziehung klar kennen, um ständige Diskussionen zu vermeiden.

Alles ganz normal?

Pferdeverhalten lässt sich in drei Kategorien einteilen:

● normales Verhalten, das ein Pferd in freier Wildbahn zeigen würde;

● unerwünschtes Verhalten, das sich in Erziehungsproblemen, Unarten, Aggressionen gegen Mensch und Tier sowie in Rangordnungskämpfen oder einem extremen Angstverhalten äußert;

● echte Verhaltensstörungen, die hinsichtlich der Art des Verhaltens, der Häufigkeit und Dauer stark vom Normalverhalten abweichen.

Im Umgang mit Pferden entstehen immer wieder Probleme und eine ganze Branche verdient gut an Hilfestellungen, Ratschlägen und „Flüsterseminaren". Die Ursachen liegen meist in der Haltung oder beim Menschen selbst, der mit dem Pferd regelmäßig umgeht.

Ein normales Verhalten zeigen Pferde, wenn ihre Grundbedürfnisse hinsichtlich Futteraufnahme, Ruhe, Bewegung und sozialer Kontakte in allen Punkten erfüllt sind. Um dieses Verhalten zu erreichen, müssen die zweibeinigen Betreuer außerdem der Pferdesprache mächtig sind und klar und authentisch mit den Vierbeinern kommunizieren. Unerwünschtes Verhalten tritt meist dann auf, wenn der Mensch

versagt. Die Missachtung der Pferdesprache und inkonsequentes oder ängstliches Verhalten können dazu führen, dass die Vierbeiner – abhängig von ihrer eigenen Selbstsicherheit – sehr schreckhaft oder scheu werden. Auch Rücksichtslosigkeit und gefährliche Rüpelei gegenüber dem Menschen können daraus resultieren. Traut das Pferd seiner Bezugsperson nicht zu, die „Zweierherde" zu führen und zu schützen, verweigert es häufig die Mitarbeit oder zeigt hohe Fluchtbereitschaft.

Unerwünschtes Verhalten

Zu unerwünschtem Verhalten gehören auch Probleme der Pferde untereinander, beispielsweise wenn einzelne Tiere nicht unter Artgenossen aufgewachsen sind und dadurch typisches Pferdesozialverhalten vermissen lassen. Sie reagieren in der Gruppenhaltung möglicherweise ängstlich oder aggressiv. Grundsätzlich sind alle

Pferde zur Gruppenhaltung geeignet, wenn sie artgerecht in einer größeren Gemeinschaft mit Gleichaltrigen oder in einer altersgemischten Herde aufgezogen wurden.

Hat ein Pferd Vertrauen zu seiner Bezugsperson, gibt es nur wenige Situationen, in denen der Fluchtinstinkt die Regie übernimmt.

Pferde werden kopfscheu, wenn strafende Schläge auf dem Kopf platziert werden. Das darf nicht sein! (Foto gestellt)

Manipulieren

Tritt ein Pferd gewohnheitsmäßig gegen die Boxenwand oder scharrt in Anwesenheit des Menschen mit den Hufen, hat es gelernt, durch unerwünschtes Verhalten auf sich aufmerksam zu machen. Man spricht auch von „manipulierendem Verhalten". Unerwünschtes Verhalten beim Pferd kann oft durch kritische Selbstbetrachtung des menschlichen Verhaltens gegenüber dem Pferd und eine konsequente Verhaltensänderung erfolgreich bekämpft werden. Viele Trainer, Verhaltenstherapeuten, Tierärzte und -heilpraktiker haben sich auf diesen Bereich spezialisiert und bieten Unterstützung an.

Steigen, Bocken, Durchgehen und häufiges Scheuen sind Verhaltensweisen, die den Spaß am Reiten und den Umgang mit Pferden gründlich verderben. Diese Eigenarten können Mensch und Pferd in große Gefahr bringen. Als Ursache kommen körperliche Beschwerden, mangelndes Vertrauen oder Ungezogenheit des Pferdes in Frage.

Bei echten Verhaltensstörungen kommt es in Folge jedoch häufig auch zu gesundheitlichen Problemen.

Koppen

Koppen ist eine der häufigsten Verhaltensanomalien bei Pferden. Mangelnde Beschäftigungsmöglichkeiten, zu wenig Bewegung und fehlender sozialer Kontakt begünstigen das Koppen. Auch eine erbliche Veranlagung in bestimmten Zuchtlinien schließen Forscher nicht aus.

Beim Koppen öffnet das Pferd den Schlundkopf durch Anspannen der unteren Halsmuskulatur und lässt Luft in die Speiseröhre einströmen. Das entstehende Geräusch erinnert an bewusst erzeugte Rülpser beim Menschen. Manche Pferde koppen frei, die meisten setzen jedoch ihre Schneidezähne auf festen Gegenständen oder Teilen der Stalleinrichtung auf. Daher stammt auch die veraltete Bezeichnung „Krippensetzer". Aufsetzkopper nutzen ihre Schneidezähne

Unerlaubtes Fressen und das Ziehen am Strick beim Führen sind Erziehungsmängel.

⬇ *In seiner Langeweile zernagt das Pferd die Holzteile des Stalls.*

im Laufe der Zeit stark ab. Eine erfolgversprechende Therapie gibt es kaum, Kopperriemen und Operationen helfen nur bedingt. Sinnvoller ist es, Verhaltensanomalien durch pferdegerechte Haltungsbedingungen vorzubeugen.

Weben

Das Weben ist ebenfalls eine stereotype Verhaltensstörung, wenn auch eine weniger verbreitete als das Koppen. Das Pferd pendelt dabei auf der Vorhand hin und her, dabei verlagert es sein Gewicht wechselseitig von einem auf das andere Bein. Die ständige Belastung kann zu Sehnen- und Knochenschäden führen. Auch das Weben resultiert aus unangemessenen Haltungsbedingungen und Belastungssituationen des Pferdes. Laufstallhaltung und regelmäßiger Koppelgang können die schwierige Therapie unterstützen.

Manegebewegung

Rennt ein Pferd unermüdlich in seiner Box im Kreis, spricht man von der sogenannten Manegebewegung, die auch bei Raubtieren in sehr kleinen Käfigen beobachtet werden kann. Hier kann das Pferd sein natürliches Bewegungsbedürfnis nicht ausreichend befriedigen. Durch die Kreisbewegungen auf sehr engem Raum kann es zu einer gesundheitsschädlichen Beanspruchung der Gelenke kommen.

Kopfschütteln

Auch Kopfschütteln – ohne medizinischen Grund wie bei echten Headshakern – im Stall und unter dem Sattel erschwert den Umgang mit dem Pferd und das Reiten.

Pferdenachwuchs

Junghengste versuchen sich früh, wenn auch zunächst erst spielerisch.

Zu den Grundbedürfnissen unserer Pferde gehört auch der Fortpflanzungstrieb. Mit geschlechtstypischem Verhalten werden Reiter immer wieder konfrontiert: Manche Stuten geben sich, abhängig vom 21-tägigen Zyklus, immer wieder zickig. Hengste zeigen auch ihren Bezugspersonen gegenüber gerne Dominanzgebaren, dem man durch konsequente Erziehung begegnen muss. Sie gehören deshalb grundsätzlich nur in die Hände führungsstarker und pferdeerfahrener Menschen.

Er, sie, es

Junge Hengste, die aufgrund ihres Gebäudes, ihrer Bewegungsqualität oder ihrer sportlichen Eigenleistung nicht für die Zucht geeignet sind, werden im Alter von einem Jahr bis drei Jahren kastriert. Mit der Entfernung der Hoden verringern sich der Testosterongehalt im Blut und das damit verbundene Hengstgebaren deutlich. Die kastrierten Tiere sind einfacher im Umgang und können in der Herde auch mit Stuten zusammenleben.

Stuten sind generell das ganze Jahr über paarungsbereit und werden in jedem Zyklus für wenige Tage rossig. Vom Frühherbst bis in den Spätwinter verläuft die Rosse jedoch weniger ausgeprägt und die

Wahrscheinlichkeit einer erfolgreichen Bedeckung ist gering, weshalb die meisten Fohlen in der Zeit des größten Futterangebots geboren werden. Dadurch ist gewährleistet, dass den Mutterstuten genug Energie für die Milchproduktion und Aufzucht ihres Nachwuchses zur Verfügung steht.

Die ersten sechs Monate seines Lebens verbringt das Fohlen unter menschlicher Obhut bei seiner Mutter.

Wann kommt das Pferdebaby?

Nach etwa 335 Tagen (anders ausgedrückt: 11 Monate und 11 Tage) Tragzeit kommt das Fohlen bei einer meist schnellen Geburt auf die Welt. Als Nestflüchter versucht es schon nach einer halben Stunde aufzustehen und wird nach spätestens einer weiteren Stunde probieren, bei der Mutter zu trinken. Innerhalb von sechs Stunden nach der Geburt muss es die überlebenswichtige Kolostralmilch der Mutter trinken, die zahlreiche wichtige Immunstoffe für die ersten Lebensmonate enthält. Ein Fohlen bleibt mindestens sechs Monate bei der Mutter und wird danach abgesetzt. In der Natur geschieht dies nach etwa anderthalb Jahren oder mit der Geburt des nächsten Fohlens im Folgejahr.

Aufzucht

Nach dem Absetzen sollten Pferdekinder – nach Geschlechtern getrennt – zur Aufzucht möglichst in größeren Jungpferdeherden oder in altersgemischten Herden leben, wo sie unter ihresgleichen ein ordentliches Sozialverhalten erwerben können. Das macht auch den späteren Umgang für den Menschen einfacher. Die Jungpferde werden regelmäßig entwurmt, vom Schmied betreut und mit Mineralfutter versorgt. Mit vier bis fünf Jahren sind die Wachstumsfugen im Skelett des jungen Pferdes so weit geschlossen, dass mit leichter Arbeit unter dem Sattel begonnen werden kann. Erst mit sieben ist ein Pferd ganz ausgewachsen und in der Lage, schwere Aufgaben zu übernehmen.

Frühestens nach vier Jahren wird der Züchter wissen, ob aus seinem Fohlen ein erfolgreiches Sportpferd werden kann.

Pferde züchten

Im Alter von etwa sechs Monaten kann das Fohlen von der Mutterstute abgesetzt werden.

Die Zucht von Pferden ist die gut über-legte und sorgfältig geplante Vermehrung von Elterntieren nach bestimmten Rasse-standards. Zuchtziele sind neben dem Erhalt der rassetypischen Merkmale die Gesundheit, das Gangvermögen und die Reiteigenschaften.

Zuchtorganisationen

Zuchtverbände, die sich nach Rassen oder Regionen organisieren, regis-trieren die zuchttauglichen Elterntie-re in ihren Zuchtbüchern. Zur Zucht zugelassen werden die Pferde auf der Grundlage von Prüfungen durch Sachverständige, Leistungsprüfungen und Körungen. Die Zuchtorganisatio-nen tragen später auch Jungtiere bei Fohlenschauen oder Brennterminen ein, bei denen die Fohlen ein Brand-zeichen und neuerdings einen Chip erhalten.

Deckhengste können sehr viel mehr Nach-kommen haben als Stuten und haben daher für die Pferdezucht eine besondere Bedeutung. Sie leben nach der Körung meist in Landes- oder privaten Gestüten. Zuchtstuten sind überwiegend bei priva-ten Züchtern und in wenigen größeren Gestüten zu Hause.

Pferderassen

Weltweit gibt es über 300 registrierte Pfer-derassen. Die Pferde einer Rasse gehen auf Elterntiere zurück, die aufgrund überein-stimmender Merkmale hinsichtlich Kör-perbau, Reit- oder Fahreigenschaften, Gangveranlagung oder Farbe selektiert wurden. So entstanden Rassen durch die Auswahl bestimmter Eigenschaften für einen speziellen Verwendungszweck. Kalt-blüter beispielsweise wurden auf Zugleis-tung und Stärke hin selektiert, Barockpfer-de sind durch eine tragfähige Hinterhand und einen kurzen Rücken wendig und sehr gut zu versammeln. Warmblüter gingen

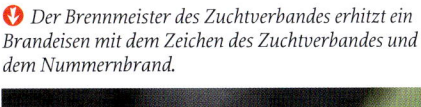
Der Brennmeister des Zuchtverbandes erhitzt ein Brandeisen mit dem Zeichen des Zuchtverbandes und dem Nummernbrand.

aus schweren, vielseitig einsetzbaren Arbeitspferden durch Einkreuzung bewegungsstarker und leistungsbereiter Vollblutpferde hervor. Die Rasse der Islandpferde entstand durch die isolierte Lage der Insel im Nordatlantik, nachdem ein Einfuhrverbot für Pferde seit über 1000 Jahren eine Blutauffrischung verhindert.

Adel verpflichtet

Die Zuchtbücher vieler Rassen sind geschlossen, das heißt sie züchten nur noch mit bereits registrierten Tieren innerhalb des Verbandes. Andere Zuchtorganisationen wie die der Warmblüter hingegen ermöglichen eine Blutauffrischung durch Veredelungsrassen wie Trakehner oder den Vollblüter.

Kreuzungen

Bei Kreuzungen werden die Eigenschaften zweier oder mehrerer Rassen kombiniert

Rassepferde, hier ein Vollblut-Araber, besitzen Papiere mit umfangreichem Abstammungsnachweis, dem sogenannten Pedigree.

43

und Elterntiere der ursprünglichen Rassen immer wieder zur Blutauffrischung und Festigung der Merkmale eingesetzt. Ein Beispiel ist die Rasse der Aegidienberger aus Islandpferden und Paso Peruanos. Kreuzungen entstehen in der Stutenhaltung auch hin und wieder bei sogenannten Weideunfällen, wenn Hengst und Stute ohne Absprache mit dem Besitzer versehentlich zusammenkommen. Daraus können schöne Pferde mit vielen positiven Merkmalen ihrer Eltern entstehen, aber auch solche Tiere, deren Mischung der elterlichen Eigenschaften gefährliche Mischungen ergeben, beispielsweise durch eine Kombination aus Sturheit und ausgeprägtem Temperament. Da Prognosen über die Eigenschaften solcher Kreuzungen schwierig sind, sollte der verantwortungsvolle Stutenbesitzer von „Zuchtexperimenten" Abstand nehmen. Schlechte Pferde kosten in der Aufzucht ebenso viel wie gute, lassen sich später aber nur schwer verkaufen und landen häufig beim Pferdehändler oder gar auf dem Schlachthof.

Deckgeschäft

Die Hengste decken bei manchen Rassen wie Isländern und Vollblütern überwiegend im Natursprung. Die Stuten laufen dann in größeren Deckherden für mehrere Wochen mit dem Hengst mit oder kommen in der Rosse mehrmals mit dem Hengst auf eine Weide. Bei der Bedeckung „an der Hand" wird die Stute punktgenau zum Hengst gebracht. Bei dieser Methode bleibt Hengst und Stute wenig Raum für ein Paarungsritual. Oft werden widerspenstige Stuten dabei fixiert, damit der Hengst nicht verletzt wird. In der Sportpferdezucht kommt das Sperma immer häufiger tiefgefroren mit dem Paketdienst zur Stute. Die Besamung führt der Tierarzt durch.

Ein Brandzeichen auf die Hinterhand und einen Chip in den Hals – so wird aus dem kleinen Fohlen ein Rassepferd.

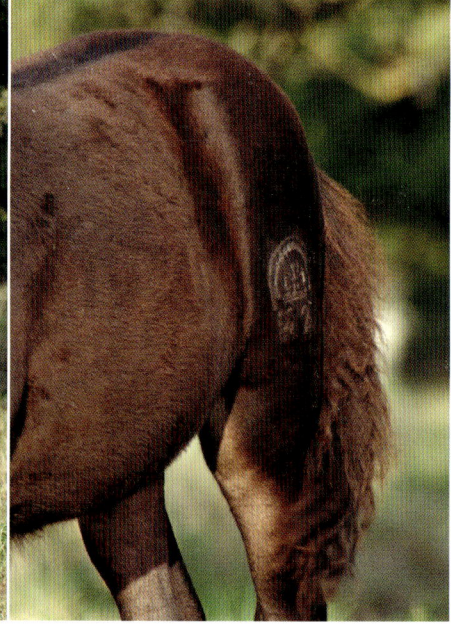

Jeder Zuchtverband hat sein eigenes Brandzeichen.

⬇ *Das Reitpony wird für hohe Leistungsansprüche gezüchtet.*

⬆ *Typvolles Schwarzwälder Kaltblut.*

Was Pferde brauchen
Rundum gut versorgt

So fühlt sich das Pferd wohl

Pferde brauchen viel Platz für Bewegung, die Gesellschaft von Artgenossen für ein Gefühl der Sicherheit und Geborgenheit und gutes Futter. Damit sind die Vierbeiner schon zufrieden und bleiben gesund.

Pferde sind Herdentiere

Niemals alleine

Pferde sind von Natur aus gesellig und fühlen sich am sichersten in ihrer gewohnten Herde. Hier wacht immer einer, während sie dösen, sich für kurze Zeit zum Tiefschlaf niederlegen oder in Ruhe fressen. Am ehesten finden sie diese Voraussetzungen im Laufstall, einer modernen Pferde-WG. Diese Haltungsform befindet sich zum (Pferde-)Glück heute aufgrund positiver Erfahrungen und verhaltenskundlicher Beobachtungen auf dem Vormarsch.

Feste Regeln

Feste Strukturen in der Herde und die im Fohlenalter erlernten Benimmregeln sorgen für ein weitgehend harmonisches Miteinander. Lediglich Jungpferde, die ihre Grenzen austesten und „Neue" sorgen kurzfristig für Wirbel, bis sie ihren Platz in der Gemeinschaft gefunden haben. Auch unsichere, ängstliche Tiere fühlen sich in einer Herde geborgener als in einer abgeschirmten Einzelbox. Dort würde ein dominanter oder gar aggressiver Boxennachbar zu ständigem Stress führen. In der Herde finden Pferde nach Lust und Laune immer einen Gefährten, der mitspielt, sich auf ein Wettrennen einlässt oder einfach nur Lust auf Fellpflege hat. Ohne diesen ausgeprägten Herdentrieb wären Pferde mit ihrer Verteidigungsstrategie, die auf Flucht setzt, schon lange ausgestorben.

🔻 *Die Paddockbox: Zweizimmer-Appartement mit frischer Luft.*

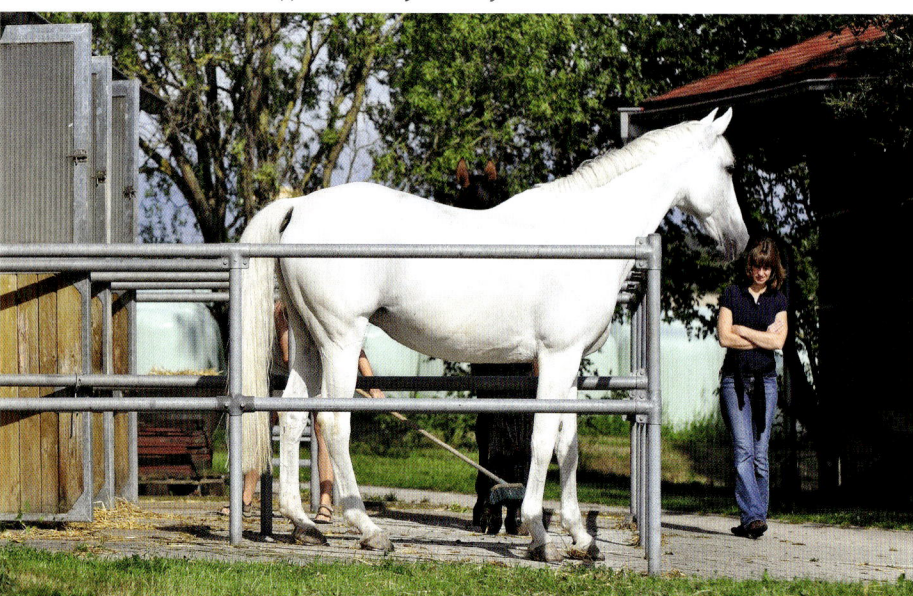

Schöner Wohnen für Bewegungsfans

Die Gruppenhaltung im Laufstall ist für das gesellige Lauftier Pferd die beste Haltungsform, um das gesamte natürliche Verhaltensspektrum auszuleben. So gehaltene Pferde sind meist ausgeglichener, respektvoller und kooperativer im Umgang mit Menschen. In getrennten Funktionsbereichen für Fressen, Trinken, Spielen und Ruhen finden Pferde für jedes Bedürfnis ein Plätzchen. Rangniedere Artgenossen sollten nicht in Sackgassen getrieben und belästigt werden können. Für neue, kranke oder verletzte Tiere steht in einem durchdacht geplanten Stall eine Notbox mit Sichtkontakt zu den Artgenossen bereit. Fressständer in ausreichender Zahl sorgen für eine ruhige Atmosphäre. Sicher installierte engmaschige Heunetze verlängern die Fresszeiten. Auch die computergestützte Transponderfütterung ermöglicht eine Futteraufnahme in kleinen Mengen über den ganzen Tag.

Zimmer mit Aussicht

Die Paddockbox ist ein Kompromiss zwischen Laufstall und Box. Geeignet ist sie für Pferde, die sich in Herden nicht benehmen können, Sportpferde oder Hengste. Begrenzter Körperkontakt erlaubt die Fellpflege über die Abtrennung hinweg oder kleinere Spielchen, wenn sich die Nachbarn anfreunden. Die Paddockbox muss trotz Offenheit vor Kälte und Zugluft schützen und mindestens doppelt so groß sein wie eine Box.

Boxen im Notfall

Boxenhaltung sollte für das gesellige Lauftier Pferd die Ausnahme sein, denn sie kommt den natürlichen Bedürfnissen am wenigsten entgegen. Lediglich dem Menschen bietet sie viel Bequemlichkeit. Die Anforderungen an diese Haltung sind groß: 3 x 3 Meter soll die Box für ein Großpferd mindestens messen und die Decke in doppelter Widerristhöhe sein. Kontakt

Gemeinsam mehr Spaß

zum Nachbarn muss möglich sein, ebenso aber die Möglichkeit zum Rückzug. Ein Fenster sorgt für Kontakt zur Außenwelt. Hell und luftig muss ein Boxenstall sein. Boxenpferde brauchen über das tägliche Reiten und Longieren hinaus auch ausreichend Koppelgang, damit Kreislauf, Atemwege, die Verdauung und der Bewegungsapparat gesund bleiben. Die Box muss täglich gründlich gemistet werden, sodass gesundheitsschädliche Ammoniakdämpfe den reinlichen Tieren nicht den Atem und den Appetit rauben.

Der Stallcheck

Der gute Stall bietet Pferden ausreichend Platz für Bewegung, Sozialkontakte auch unter Boxennachbarn und Platz für Rückzug. Sympathien und Antipathien unter Pferden müssen bei der Stallbelegung berücksichtigt werden. Gefüttert wird mindestens zweimal, besser noch dreimal am Tag gutes Heu bei Futterkarenzzeiten von

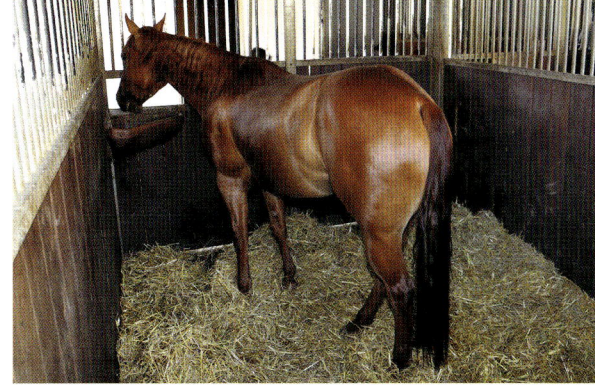

Boxen bieten wenig Platz.

maximal sechs Stunden, Mineralfutter und Kraftfutter nach Bedarf. Im Krankheitsfall wird das Pferd zuverlässig mit den notwendigen Medikamenten versorgt. Tägliches Misten und Einstreuen sind selbstverständlich. Im Sommer haben die Pferde großzügigen Weidegang in Gruppen. Für den Reiter stehen ein Allwetterplatz oder eine Halle und ein Roundpen zum Longieren zur Verfügung. Ein Reiterstübchen dient der Geselligkeit der Reiter.

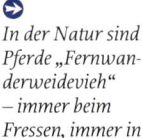

In der Natur sind Pferde „Fernwanderweidevieh" – immer beim Fressen, immer in Bewegung.

Mit Heunetz verlängert sich die Futteraufnahmezeit um das Doppelte bis Dreifache.

Was frisst mein Pferd?

Guten Appetit!

Pferde haben ein sehr empfindliches Verdauungssystem: Mit dem richtigen Futter in guter Qualität, in der richtigen Menge und viel Bewegung bleibt der Vierbeiner gesund. Pferde fressen rund 16 Stunden am Tag und in freier Wildbahn legen sie auf der Suche nach frischem, schmackhaftem Grün viele Kilometer zurück. Im Verhältnis zu ihrer Körpergröße haben Pferde einen relativ kleinen Magen. Für ein Fluchttier wäre ein großer (voller) Magen im Notfall auch sehr hinderlich. Deshalb nehmen Pferde am liebsten ständig kleine Futtermengen auf. Dem kleinen Magen schließt sich ein umso größerer Darm an. Auf rund 40 Metern Länge verrichtet er die Hauptarbeit bei der Verdauung. Auf zu viel und falsches Futter, plötzlichen Futterentzug oder -umstellung reagiert der Darm sehr empfindlich. Die Darmflora stirbt bei ausbleibendem Futter schlagartig ab und es kommt zu Vergiftungen. Deshalb sollen Pferde auch nicht länger als sechs Stunden ohne Zugang zu Raufutter sein.

Heunetze bremsen

Um hektischen Fressern die Mahlzeiten zu verlängern, haben sich in jüngster Zeit engmaschige Netze mit drei bis vier Zentimetern Maschenbreite bewährt, die so über das Heu in Raufen gespannt werden, dass Pferde sich keinesfalls mit den Eisen darin verfangen können. Auch an Gemein-

Lässig leben lässt es sich am besten auf der Weide.

schaftstraufen in Gruppenlaufställen wird Fressen damit zum sättigenden Zeitvertreib. Ranghohe Pferde oder zu dicke, hektische Schnellfresser werden auf ein natürliches Maß der Futteraufnahme gebremst. Für rangniedere, ältere oder langsam fressende Pferde ist länger Futter in der Raufe.

Krank durch falsches Futter

Schmerzhafte Verdauungsstörungen, die sogenannten Koliken, können im schlimmsten Fall tödlich enden. Auch zu eiweiß- und kohlehydrathaltiges Futter kann neben Verdauungsstörungen zu schweren Stoffwechselstörungen führen. Als Auslöser für die gefürchtete Hufrehe gilt heute vor allem der Zuckerstoff Fruktan. Er wird als Energiespeicher in Gräsern bei hoher Sonneneinstrahlung und niedrigen Temperaturen im Frühling und Spätherbst gebildet.

Langweiliger Pferdealltag

Viele Pferde stehen die meiste Zeit des Tages in der Box und erhalten zwei- bis dreimal am Tag Heu und Kraftfutter. Durch das Zuviel an Futter und das Zuwenig an kontinuierlicher Bewegung für das Lauftier Pferd kommt es häufig zu schweren Verdauungsstörungen (Koliken), Stoffwechselerkrankungen (Equines metabolisches Syndrom = „Pferde-diabetes") oder Störungen des Bewegungsapparates. Damit geht es vielen Boxenpferden nicht besser als Menschen, die mit der Chipstüte in der Hand auf der Couch vor dem Fernseher abhängen.

Ganz natürlich: Die Weide

Könnten Pferde wählen, würden sie sicher eine gepflegte Weide vorziehen. Sie kommt dem natürlichen Lebensraum am nächsten. Sie bietet Nahrung und Platz zum Spielen, Laufen, Ruhen und der Pflege von sozialen Kontakten.

Pferdeweiden sind durch Tritt und Verbiss stark beanspruchte Flächen, die eine sachkundige Pflege benötigen. Pferdeäpfel sollten regelmäßig abgesammelt werden, um Geilstellen und die regelmäßige Neuinfektion mit Darmparasiten so gering wie möglich zu halten. Regenreiches Wetter und nasse Böden vermindern die Trittfestigkeit der aufgeweichten Grasnarbe. Die Folge sind große Löcher im Bewuchs, auf denen sich schnell unerwünschte Unkräuter breitmachen. Ein mindestens 130 cm (Kleinpferde) bis 150 cm hoher Zaun für Großpferde mit drei Reihen Elektroband oder -litze sichert die Weide vor vierbeinigen Ausbrechern und unerwünschten zweibeinigen Einbrechern.

Im Winter Rau- und Saftfutter

Während frisches Gras das typische Sommerfutter zwischen Mai und Oktober ist, bekommen Pferde im Winter meist Heu oder Silage und gutes Futterstroh. Zur Erhaltung der Grundfunktionen braucht ein Pferd 1 – 1,5 Kilogramm Heu pro Tag auf 100 Kilogramm Lebendgewicht (Grundfutter). Leichtfuttrige Pferde bekommen etwas weniger oder werden im Fresstempo gebremst, schwerfuttrige Pferde erhalten etwas mehr. Auch bei winterlicher Kälte erhalten Pferde eine größere Menge Raufutter. Gutes Heu ist hellgrün und hat den typisch aromatischen Heuduft. Es ist staub- und schimmelfrei. Silage und eingeweichte Grascops sind eine Alternative für Pferde mit Stauballergie oder alte Pferde mit Zahnproblemen. Gutes Futterstroh ergänzt die Raufutterration bis zu maximal einem Drittel der Gesamtration. Geeignet sind Weizen-, Gersten- und das besonders schmackhafte Haferstroh. Die im Raufutter enthaltene Rohfaser stimuliert den

Gutes Heu ist die optimale Futtergrundlage. Schimmelfreies Stroh darf die Mahlzeit bis maximal einem Drittel der Rauhfutterration ergänzen.

Kaumechanismus. Zu wenig Rohfaser führt zum Mangel der wasserlöslichen Vitamine, Fehlgärungen, Hakenbildung bei den Zähnen, Schlundverstopfung oder auch Untugenden wie Holznagen. Silage ist mit Milchsäuregärung konserviertes Gras und sehr schimmelanfällig.

Zur Ergänzung: Kraft- und Zusatzfutter

Ein Mineralfutter schließt die Lücken in der Mineralstoff- und Vitaminversorgung und ergänzt eine ordentliche Raufutterration. Ein Salzleckstein muss immer zugänglich sein.

Fütterungstipps: Tischlein deck dich!

Pferde verbringen viel Zeit täglich mit Fressen. Der Fressplatz sollte deshalb auf die Pferdebedürfnisse zugeschnitten sein:

- Raufutter wird am besten an einem sauberen Platz auf Bodenniveau angeboten. Hohe Heuraufen zwingen das Pferd zu einer unphysiologischen Fresshaltung und bergen Verletzungsgefahren. Die Staubbelastung ist höher. Der Kraftfuttertrog liegt maximal auf Buggelenkhöhe. Bei Einzelgaben eignen sich Eimer oder alte Mineralfutterschüsseln.

- Die Pferde sollen unabhängig von ihrem Rang in der Herde ausreichend lange und in Ruhe fressen können. Ideal sind mehrere kleine Mahlzeiten am Tag. Futterkarenzzeiten bis maximal sechs Stunden sind tolerierbar. Heunetze verlängern die Fresszeiten um bis das Dreifache bei gleicher Futtermenge.

- Fressständer oder Raufen verhelfen allen Pferden zu einem Platz am Futter. Gut, wenn es mehr Fressplätze als Pferde sind.

- Die Ration muss auf Körpergröße, Futterverwertung und Leistungsniveau abgestimmt werden. Bei der Rationsberechnung helfen Rationsrechner im Internet.

- Bei einem gut ernährten Pferd fühlt man die Rippen beim Überstreichen mit der Hand, kann sie aber nicht sehen. Viele Pferde sind zu dick! Wiegen kann man Pferde auf speziellen Pferdewaagen, Viehwaagen oder LKW-Waagen im Landhandel oder Baumarkt gegen eine Spende in die Kaffeekasse. Die genaue Kenntnis des Gewichts hilft auch bei der Dosierung von Wurmkuren und Medikamenten!

- Änderungen in der Futterration müssen langsam erfolgen. Neues Futter sollte behutsam und in geringen Mengen über mehrere Tage in der Ration gesteigert werden. Das Anweiden erfolgt über mehrere Wochen!

- Grascops und Zuckerrübenschnitzel müssen wie alle anderen gepressten Futtermittel mehrere Stunden vor dem Verfüttern eingeweicht werden, um eine gefährliche Schlundverstopfung zu vermeiden.

Kraftfutter ist ein Energiespender für Pferde mit besonderen körperlichen Anforderungen im Sport, bei der Arbeit, bei Krankheit oder Trächtigkeit. Das Kraftfutter besteht aus teilweise mineralisierten Getreidemischungen in Form von Müslis oder Pellets. Frisch gequetschtes Getreide, vor allem Hafer, ist die günstige Alternative, dazu schmackhaft und gut verdaulich. Ein zu hoher Getreideanteil in der Ration führt zu Mangelerscheinungen und Stoffwechselstörungen. Nicht umsonst heißt ein Sprichwort: „Müllers Vieh gedeiht selten oder nie", weil Müller ihre Arbeitspferde früher überwiegend mit Kleie und anderen Mühlenprodukten gefüttert haben. Kranke, magere oder alte Pferde päppelt man mit Mash, gekochtem Leinsamen. Mit Mash kommen Pferde auch gut durch den Fellwechsel. Verwöhnen lassen Pferde sich gerne mit Leckerlis, die es fertig zu kaufen gibt. Man kann sie aber auch selber herstellen oder einfach zur Belohnung ein paar Brocken trockenes (schimmelfreies!) Brot nehmen. Karotten und Äpfel nehmen Pferde vor allem zu trockenem Winterfutter gerne an. Sie dürfen weder schimmelig noch faulig sein und sollten in maßvollen Mengen verfüttert werden. Bonbons und Zucker schaden Pferdezähnen.

➜ *Als Dankeschön: Trockenes Brot, Karotten, Äpfel oder industriell hergestellte Pferdeleckerlis.*

Erfrischendes Nass

Wasser hält die Funktion des Darms aufrecht und ist wichtig für die Thermoregulation der Tiere. Außerdem ist es für den Nährstofftransport verantwortlich. Es muss Pferden jederzeit in guter Trinkwasserqualität zur Verfügung stehen. Das gelegentliche Tränken aus dem Eimer ist Tierquälerei. Der Wasserbedarf hängt von der Körpergröße des Tieres, dem Alter, der Arbeitsintensität, der Umgebungstemperatur und dem Wassergehalt des Futters ab. An regenreichen Tagen bei sommerlicher Weidehaltung trinken Pferde nur relativ wenig. Bei Heufütterung ist der Wasserbedarf deutlich gesteigert. Säugende Stuten und Fohlen haben einen hohen Flüssigkeitsbedarf. Bei feuchter kühler Witterung gehen Pferde manchmal nur alle paar Stunden zur Tränke, bei heißer Witterung dagegen mehrmals pro Stunde. Ideal sind im Stall frostfreie Selbsttränken, die von Leitungswasser gespeist werden. Auf der Weide bieten sich Wasserfässer mit mehreren Hundert Litern Fassungsvermögen an. Aufgrund des niedrigeren Wasserdrucks an den Ausläufen dieser Fässer ist es günstiger, die Pferde aus einem darunterstehenden lebensmittelechten Bottich zu tränken. So ist gewährleistet, dass auch ungeduldige oder rangniedere Vierbeiner ausreichend trinken. Erhitzte Pferde sollten, um den Kreislauf zu schonen, nicht sofort getränkt werden. Sie lässt man erst durch Führen abkühlen, bevor man ihnen Wasser anbietet. Pferde sind heikel. Trotz eines hohen Wasserbedarfs verzichten manche Tiere in fremder Umgebung, beispielsweise auf einem Wanderritt auf einen „Tankstopp", weil ihnen das Wasser nicht schmeckt. Andere wiederum sind heikel bei gechlortem Wasser aus der Leitung.

Pferdefutter und Inhaltsstoffe im Überblick

- ⮞ **Gras:** Das natürlichste und beliebteste Sommerfutter von Pferden. Je nach Jahreszeit und Gräserzusammensetzung mit einem gewissen Gefährdungspotential für Stoffwechselerkrankungen.
- ⮞ **Heu:** Getrocknetes Gras und Kräuter, wichtigstes Hauptfutter mit weniger als 14 % Trockensubstanzgehalt (TS).
- ⮞ **Silage/Heulage:** Milchsäurevergorenes Gras und Kräuter. Alternative überall da, wo die Heugewinnung witterungsbedingt schwierig ist. Gut für Stauballergiker.
- ⮞ **Stroh:** Rohfaserreiche Halme und Blätter des Getreides zur Einstreu.
- ⮞ **Kraftfutter:** Energiereiches Zusatzfutter (Kohlehydrate) für arbeitende Pferde als reine Getreidebeigabe (Hafer, Gerste, Mais) oder fertige Müslimischung.
- ⮞ **Mineralfutter:** Zusatzfuttermittel, das die Mineralstoffzufuhr aus dem Raufutter ergänzt.
- ⮞ **Leckerli:** Schmackhafte Ergänzungshäppchen, die in Maßen gegeben die Freundschaft und Motivation erhalten, im Übermaß genossen zu Untugenden und Zahnschäden führen.
- ⮞ **Rohfaser:** Strukturstoffe im Raufutter und Gras für Kaustimulation und Darmfunktion.
- ⮞ **Eiweiß:** Wichtiger Futterbestandteil als Lieferant essentieller Aminosäuren. Zu viel Eiweiß führt aber zu schwerwiegenden Stoffwechselproblemen.
- ⮞ **Fett:** Geringere Bedeutung. Magere Pferde können mit kleinen Mengen an hochwertigem Speiseöl gepäppelt werden.
- ⮞ **Kohlenhydrate (Stärke):** Zuckerverbindungen in unterschiedlicher Zusammensetzung der Zuckermoleküle, ihrer Länge und Kettenstruktur. Einfache Zuckermoleküle sind bewegliche Energieträger. Größere und kompliziertere langkettige Zucker, sogenannte Polysaccharide, sind lang- oder mittelfristige Energiespeicher. Strukturkohlenhydrate sind schwer- bis unverdauliche Gerüstsubstanzen von Pflanzen.
- ⮞ **Mineralstoffe:** Wichtige Stoffe zum Aufbau und Erhalt der Körperfunktionen. Kalzium (Ca) und Phosphor (P) sind mit 99 bzw. 80 % am Skelettaufbau beteiligt, Magnesium (Mg) steuert wichtige Enzymfunktionen im Nerven- und Muskelgewebe, Natrium (Na) und Chlor (Cl) sind wichtig für die extrazellulären Flüssigkeiten und die Regulation des Säure-/Basehaushalts.
- ⮞ **Spurenelemente:** Wichtige Mineralstoffe in kleinsten Mengen – Eisen (Fe) ist wichtig für die Blutbildung und den Sauerstofftransport, Kupfer (Cu) beteiligt sich an der Nerven-, Blut-, Pigment- und Bindegewebsbildung. Zink (Zn) dient der Enzymfunktion sowie der Haut- und Schleimhautregeneration, Mangan (Mn) dem Enzymsystem, dem Mineralien- und Fettstoffwechsel. Kobalt (Co) ist wichtig für die Vitamin B12-Herstellung im Dickdarm. Jod (J) ist Bestandteil des Schilddrüsenhormons und steuert den Stoffumsatz. Selen schützt zusammen mit Vitamin E die Zellmembranen (Infektionsabwehr).
- ⮞ **Vitamine:** Pferde brauchen die fettlöslichen Vitamine A, D und E über Ergänzungsfuttermittel. Die wasserlöslichen Vitamine C und K sowie die B-Vitamine bildet ein Pferd meist ausreichend selbst im Darm.
- ⮞ **Wasser:** Das lebensspendende Nass muss immer und ausreichend zur Verfügung stehen.

Grundreinigung: Die Fellpflege

Pferde haben völlig andere Vorstellungen von richtiger Körperpflege als ihre Menschen. Während Zweibeiner alles porentief rein haben wollen, nutzen die Vierbeiner Staub und feuchte Erde im Kampf gegen Juckreiz und Parasiten im Fell. Für sie ist ein ausgiebiges Bad im Sand das Höchste und manches Pferd hört man dabei sogar wohlig grunzen. An Stellen, die schwer erreichbar sind, wie Widerrist, Schweifrübe und Mähnenkamm, dürfen befreundete Pferde kräftig mit den Zähnen kraulen – ein pferdischer Freundschaftsbeweis, für den wir Menschen eindeutig zu dünnhäutig sind. Hinter den Ohren und am Kopf kratzen Pferde sich gerne an Bäumen oder Stalleinrichtungen. Ist das Schubbern

nicht allergisch oder von Parasiten verursacht und führt es nicht zu abgescheuertem Fell oder gar blutigen Stellen, sollte man den Tieren diesen Genuss gewähren. Ein grober Straßenbesen zum Kratzen im Stall führt ebenfalls zu Wohlbefinden. Der an der Haarbasis auf der Haut liegende Talg – eine leicht schmierige Staubschicht – ist vergleichbar mit einer Regenimprägnierung. Er schützt Pferde, die sich vorwiegend im Freien aufhalten, davor, bis auf die Haut nass zu werden und auszukühlen. Offenstallpferden und solchen, die bei Wind und Wetter Weidegang haben, sollte man den Talg nicht restlos ausbürsten, sondern vor allem dort, wo Zaumzeug und Sattel aufliegen, für ein sauberes Fell sorgen. Auch die Haare an der Schweifrübe schützen das Pferd sicher vor Regen und dürfen keinesfalls abgeschnitten werden. Vor dem Reiten sollte ein Pferd gründlich geputzt werden. Es dient neben der Reinigung auch einem ersten Stimmungscheck und regt die Durchblutung an.

TIPP

Das gehört in die Putzkiste
- **Plastik- oder Metallstriegel** zum Fellaufrauen und zur Reinigung der Kardätsche
- **Kardätschen** unterschiedlicher Größe aus Naturhaar (laden sich nicht elektrostatisch auf sondern binden den Staub gut in den Borsten)
- **Wurzelbürste** aus Kunststoff für Mähne und Schweif
- **Waschbürste** aus Kunststoff für groben Schmutz an Beinen und Hufen
- **Mähnenkamm** aus Metall, ebenso gut eine stabile Haarbürste
- **Schwamm** zum Abwaschen von Schweiß
- **Schweißmesser** aus Metall zum Ausstreichen des nassen Fells und zum Vorreinigen bei groben Schlammkrusten im Fell
- **Lappen** für Maul und Nüstern, für den Genitalbereich extra
- **Hufauskratzer** aus Metall mit oder ohne Bürstchen
- **Huffett** und **Pinsel**

Eine gut bestückte Putzkiste erfreut auch das Pferd.

So wird's gemacht!

Am Genick beginnen Sie mit der Fellreinigung aller gut bemuskelten Körperteile: Der Striegel raut das Fell in kreisenden Bewegungen auf, die kräftig gegen die Fellrichtung ausgeführt werden, und wirbelt Staub und Talg auf. Anschließend bürsten Sie mit der Kardätsche in Strichrichtung den Schmutz ab. Dieser Vorgang wird so oft wiederholt, bis das Fell einen seidigen Glanz zeigt. Für die unbemuskelten, empfindlichen Pferdebeine verwenden Sie statt dem Striegel eine grobe Wurzelbürste und bürsten anschließend mit der Kardätsche nach. Die Kardätsche reinigen Sie am besten regelmäßig zwischendurch, indem Sie mit dem Striegel in der einen Hand auf sich zu, mit der Kardätsche in der anderen Hand von sich weg kräftig über die Borsten streichen. Anschließend klopfen Sie den Striegel auf dem Boden aus.

Mit einer weichen Bürste befreien Sie den Kopf vom Staub. Viele Pferde genießen gerade am Kopf auch die Verwendung einer gröberen Bürste. Sie erspart das Schubbern an der Stalleinrichtung.

Am Schluss kämmen Sie mit einem Mähnenkamm das Langhaar aus. Alternativ verwenden Sie eine kräftige Haarbürste aus dem Drogeriemarkt. Ist die Mähne zu dick, wird sie hin und wieder verzogen. Das geht so: Auf der Unterseite werden in regelmäßigen Abständen kleine Haarbüschel mit einem kurzen kräftigen Ruck ausgezogen. Ist der Schweif sehr verfilzt, verlesen Sie ihn Strähne für Strähne. Ein Mähnenspray ist dabei eine gute Hilfe. Den Schweif schneidet man hin und wieder nach dem Auskämmen (erst nach dem Waschen in trockenem Zustand, sonst wird er viel zu kurz!) auf Höhe der Sprunggelenke ab.

Nüstern, Maul und den Genitalbereich reinigen Sie mit feuchten Lappen.

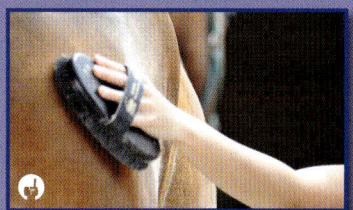

Die Kardätsche glättet das durch den Striegel aufgeraute Fell.

Viele Pferde sind am Kopf empfindlich, deshalb ist dort viel Gefühl gefragt, um das Pferd nicht zu vergraulen.

Der Mähnenkamm muss nicht bei jedem Putzen eingesetzt werden, nur wenn sich Verfilzungen zeigen oder sich hartnäckiger Dreck festgesetzt hat.

Gebt her eure Hufe!
Hufe auskratzen – sauber und sicher

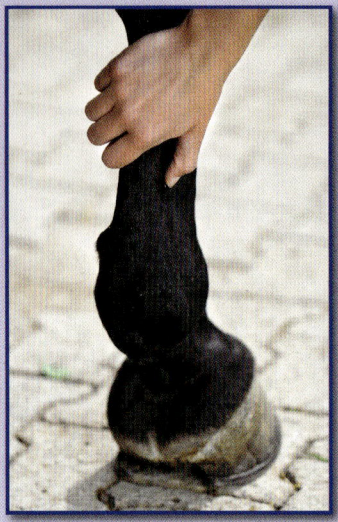

1 An der Rückseite des Vorderbeins streichen Sie mit der Hand vom Karpalgelenk an der Sehne entlang über das Fesselgelenk und umgreifen die Fesselbeuge.

2 Mit dem Kommando „Gib Huf" oder einem anderen dem Pferd bekannten Stimmkommando fordern Sie zum Aufheben auf.

3 Beginnen Sie in den Strahlfurchen von hinten nach vorne zur Strahlspitze, den Schmutz mit dem Hufkratzer zu lösen. Anschließend den restlichen Schmutz an der Sohle durch Kratzen entlang des Eisens oder Tragrandes entfernen.

4 Lassen Sie den Huf langsam ab. Zieht das Pferd ihn zurück auf den Boden und prallt dort hart auf, kann das zu schweren Verletzungen im Huf führen.

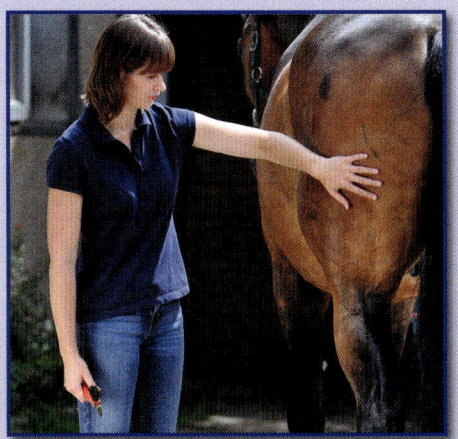

5 Vor dem Aufheben des Hinter-
beins legen Sie sanft die Hand
auf die Hinterhand, um das
Pferd nicht zu erschrecken.

6 Anschließend streichen
Sie auf der Vorderseite
mit der Hand hinunter
bis zum Fesselgelenk...

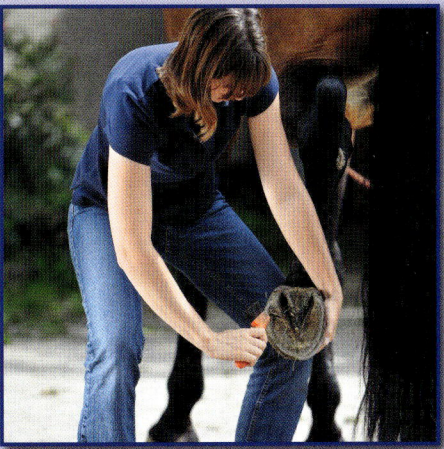

8 Mit dem Ober-
schenkel blockieren
Sie während des
Hufeauskratzens
das Zurückziehen
des Hinterbeines
unter den Bauch.
Anschließend
lassen Sie das Bein
wieder langsam ab.

7 ... und fordern das Pferd mit
Stimmkommando zum Anheben
auf. Vorsichtig spannen Sie das
Hinterbein nach hinten heraus.
Eine zu hohe Haltung finden
Pferde sehr unangenehm für das
Gleichgewicht und fangen gerne
an zu hampeln.

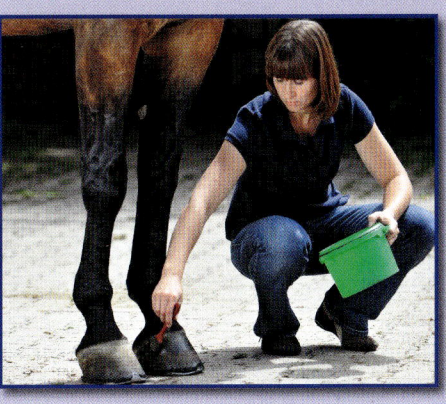

9 Abschließend können
Sie die Hufe mit Aus-
nahme des Strahls noch
mit Huffett einpinseln.

❶ Kennt der Mensch die Umgangsregeln von Pferden und hat das Tier Vertrauen zu seinem Menschen, steht einem harmonischen Miteinander nichts im Weg.

Sicherer Umgang mit dem Pferd

„Ein Pferd beißt vorne, schlägt hinten und vom Rücken wirft es einen ab", so beschreiben weniger pferdebegeisterte Zeitgenossen die Vierbeiner. Weit gefehlt! Pferde sind von Natur aus sehr friedliche Tiere mit einem ausgeprägten Sozialverhalten, das ihnen über Jahrmillionen das Überleben gesichert hat. Untereinander legen Pferde sehr großen Wert auf die Einhaltung von Benimmregeln. Von ihren Menschen erwarten sie das auch. Dazu gehört vor allem der Individualabstand. Wird dieser von rangniederen Artgenossen oder fremden Menschen unterschritten, drohen Pferde, die keinen Körperkontakt wünschen, indem sie den Kopf in die Richtung des aufdringlichen Tieres werfen und die Ohren anlegen. Bei Missachtung folgt eine letzte Drohung mit gebleckten Zähnen, bevor sie zum Angriff übergehen.

Wer das weiß und sich darauf einstellt, kann sicher mit den Tieren umgehen. Nur ein Pferd, das bei scheinbarer Gefahr keine Möglichkeit zur Flucht sieht oder keinen Respekt vor seinem Menschen hat, wird sein Heil auch beim Zweibeiner in einer Attacke durch Zähne und Hufe suchen. Besonders wichtig ist deshalb beim Umgang mit fremden Pferden, aber auch mit den vertrauten Tieren, stets die Stimmung zu beobachten. Passieren doch Unfälle, hat der Mensch meistens vergessen, dass er es mit einem Fluchttier zu tun hat. Im Reitbetrieb haben Schulpferde leider selten genug Gelegenheit, durch ein paar Stunden Bodenarbeit Vertrauen zu ihren Reitern aufzubauen. Hier ist also besondere Vorsicht und Rücksicht auf die Stimmung des Pferdes geboten. Misstrauen oder Angst sind jedoch denkbar schlechte Begleiter im Umgang mit den Vierbeinern.

❂ *Das Halfter sollte mit dem Anbindestrick durch einen Panikhaken verbunden sein, der sich notfalls schnell öffnen lässt.*

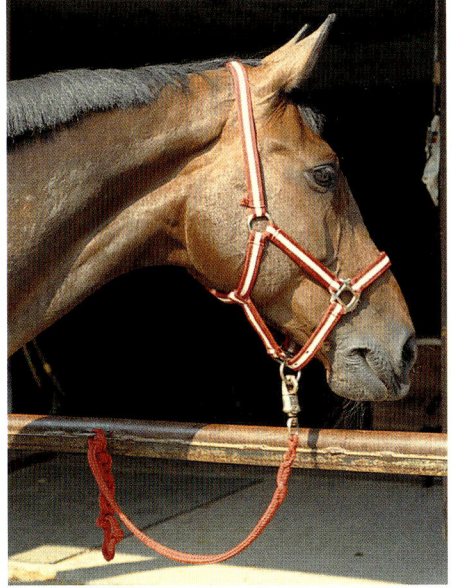

Der Sicherheitsknoten verhindert, dass sich ein cleveres Pferd beim Spielen mit dem Strick selbst losmacht. Wenn es schnell gehen muss, kann er aber mit zwei kleinen Handgriffen leicht gelöst werden. Empfehlenswert sind Stricke mit einem Panikhaken, der sich auch unter Zugspannung vom Reiter öffnen lässt, bevor das Pferd sich verletzt.

Und so geht der Sicherheitsknoten

Dieser Knoten kann sich nie so fest ziehen, dass er im Notfall nicht mehr aufgeht. Wollen Sie ihn schnell lösen, dann fädeln Sie einfach das Ende wieder durch die letzte Schlaufe und ziehen stark am Strick. Die Schlaufen lösen sich mit einem Handgriff.

Das Pferd sicher anbinden

Der richtige Anbindeplatz für das Pferd ist eine Mauer mit Anbindering oder ein stabiler Anbindebalken. Befestigen Sie den Strick auf Brusthöhe des Pferdes. Er soll so lang sein, dass das Pferd den Kopf bewegen und seine Umgebung beobachten kann, aber kurz genug, dass es nicht daraufsteigt.

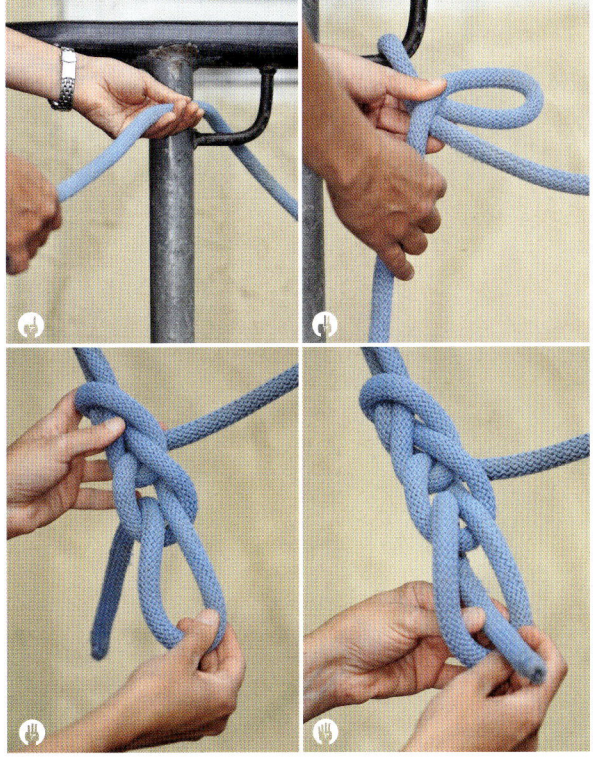

Ziehen Sie den Strick bis auf die richtige Länge durch den Ring oder um den Balken.

Führen sie dann das lose Ende unter dem Strick nach hinten und holen Sie eine weitere Schlinge durch die erste.

Jetzt geht es mit ein paar Schlingen wie beim „Häkeln" weiter.

Zum Schluss ziehen Sie das lose Ende durch die letzte Schlinge. So verhindern Sie, dass das Pferd beim (unerlaubten) Spielen mit dem Strick den Knoten selbst wieder aufzieht.

⬇ *So nicht! Kinder geraten schnell in den toten Winkel des Pferdes – hinten ...*

⬇ *... und unter dem Kopf. Leicht werden sie so umgestoßen oder getreten.*

⬇ *Richtig: auf Schulterhöhe des Pferdes mit Sicherheitsabstand.*

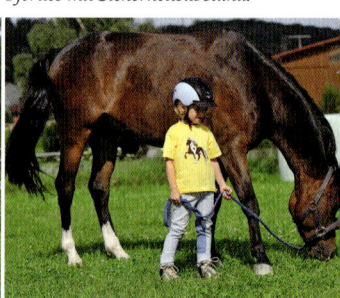

Gefahren vermeiden

Routine ist die größte, meist unerkannte Gefahr im Umgang mit Pferden. Unfälle passieren nicht, sie haben eine Ursache. Meist ist es Nachlässigkeit oder die Fehleinschätzung einer Situation. Pferde sind friedliebende Tiere, doch wenn sie eine Situation als gefährlich einschätzen, wird auch mit dem geliebten Zweibeiner kurzer Prozess gemacht. Vor allem Kinder laufen aufgrund ihrer geringen Körpergröße Gefahr, zwischen rangelnden Pferden überrannt oder ins Schussfeld auskeilender Hufe zu kommen. Es ist ratsam, dass die kleinen Pferdefreunde deshalb auch bei der Pferdepflege und den Reitvorbereitungen schon einen Helm tragen.

Richtig annähern

Will man sich einem Pferd nähern, so ist dies am besten aus einem 45-Grad-Winkel Richtung Schulter. Von hinten läuft man in den toten Winkel des Pferdes und veranlasst es zum Weglaufen. Direkt von vorne mögen es Pferde ebenso wenig. Auch hier haben sie einen toten Winkel, direkt unter der Nase. Vor der Begegnung spricht man beruhigend auf Pferde ein und lässt sie zur Begrüßung schnuppern, nicht aber am Ärmel zupfen.

Machen Sie Pferden nichts vor. Pferde erschnuppern sicher die Stimmung ihres Gegenübers. Angstschweiß macht sie unsicher und unwillig. Entzieht sich ein Pferd Liebkosungen, sollte man das akzeptieren. Besonders am Kopf wollen viele Pferde nicht gerne berührt werden.

Fütterungsverbote in Ställen und auf Weiden sind sinnvoll und verbindlich. Viele kleine Leckereien oder völlig ungeeignetes Futter aus unkundiger Hand macht Pferde dick und krank. Auf der Weide und unter Boxennachbarn kommt es zu eifersüchtigen Streitereien mit Verletzungen für Mensch und Tier. Das Füttern aus der Hand kann aus Pferden lästige Bettler erziehen, die mit aufdringlichem Gebahren an Leckereien gelangen wollen und dabei im Eifer des Gefechts schon mal zubeißen. Kaum ein Pferdebesitzer möchte das.

⬆ *Füttern verboten, streicheln erlaubt!*

Hier geht's lang!

Pferde führt man immer mit einem Strick oder Zügel, aber nie direkt am Halfter oder Zaumzeug. Der Sicherheitsabstand ist notwendig, um bei einem erschrockenen Hüpfer des Pferdes nicht zu stürzen. Außerdem sind nach Fliegen schlagende Schweife im Sommer wie Peitschenhiebe auf nackten Armen. Schüttelt das Pferd Fliegen vom Kopf, fängt der Mensch sich bei zu geringem Abstand auch mal eine heftige Kopfnuss ein. Sterne vor den Augen inklusive! Geführt wird immer auf Höhe des Halses mit lockerem Strick. So kann das Tier hinter dem Menschen ausweichen ohne ihn umzustoßen, wenn es erschrickt. Der Mensch wirkt treibend auf Schulterhöhe oder bremsend am Kopf. Stürmische Pferde, die sich auch mit Gerte an der Brust nicht bremsen lassen, führt man mit Führkette oder einem Stück Führstrick, der über den Nasenriemen des Halfters geschlauft ist, nie jedoch mit Dauerdruck.

Zum Führen trägt man am besten immer Handschuhe. Ja, die Routine und der gute Glauben an das brave Pferd bescheren auch Profis immer wieder schmerzhafte Brandblasen von durchgezogenen Stricken und Zügeln. Die Zügel liegen so in der Hand, dass weder Mensch noch Pferd in herabhängende Schlaufen treten. Der Strick darf nie um die Finger oder die Hand gewickelt sein. Reißt sich ein Pferd los, würde es Knochen brechen, Finger abtrennen oder den Führenden möglicherweise hinter sich herschleifen.

Feste, geschlossene Schuhe geben Halt beim Führen und schützen die Füße vor versehentlichen Tritten. Ein großes – beschlagenes – Pferd auf einem Fuß in offenen Schuhen hinterlässt schmerzhafte Verletzungen, vielleicht sogar gebrochene Zehen.

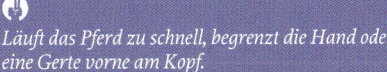

Pferde mögen ruhige, berechenbare Menschen mit Führungsqualitäten.

Läuft das Pferd zu schnell, begrenzt die Hand oder eine Gerte vorne am Kopf.

Pferde sicher transportieren

Die wenigsten Pferde gehen regelmäßig auf Reise und auch nicht jeder Turniercrack steigt brav in den Pferdehänger. Das willige Hängerfahren gehört aber auch bei Pferden, die nur sehr selten den Hof verlassen, zum kleinen Einmaleins der guten Pferdeerziehung. Im Notfall könnte das unkomplizierte Verladen nämlich überlebenswichtig sein. Dann nämlich, wenn ein Gelegenheitsfahrer mit Kolik oder einer schweren Verletzung rasch in die Klinik transportiert werden muss. Wer gut vorbereitet auf eine Autofahrt mit Pferd geht und in Ruhe alles eingepackt hat, bevor das Pferd in den Hänger ein-

steigt, der hat den Kopf frei und die nötige Ruhe beim Verladen. Eine entspannte Atmosphäre ist wichtig, vor allem bei wenig routinierten Tieren. Hektik und Anspannung spüren sie gleich und verfallen leicht in Panik.

Hat das Pferd Vertrauen zu seinen Menschen, wird es in aller Regel willig folgen. Wer mit der Überzeugung verlädt, dass das Pferd sicher reingeht, hat das Pferd schon halb im Fahrzeug. Zögert das Pferd, bleiben Sie ruhig, ziehen, zerren und Gertenhiebe werden Unwillen oder Panik verstärken. 600 Kilogramm zappelndes und schlagendes Pferd bekommen auch mehrere Menschen zusammen nicht in einen Hänger.

↻ *Geschafft! Schaut das Pferd so gelassen aus der Luke, wurde erfolgreich Vorarbeit geleistet.*

Pferde sollten regelmäßig die Gelegenheit bekommen, die Hängerfahrt mit einem positiven Erlebnis zu verbinden: die Fahrt auf eine frische Weide, ein schöner Ausflug mit anderen Pferden, Leckerlis oder ein wenig Kraftfutter, Karotten oder Äpfel zur Belohnung nach dem Einsteigen. Fahrten in die Klinik sollten die Ausnahme der Hängerfahrten sein.

Ist das Pferd willig eingestiegen, zuerst die Stangen hinten einhängen und mit Splinten sichern. Danach das Pferd mit einem Sicherheitsknoten anbinden. Beim Aussteigen diesen erst lösen und dann die Stangen öffnen. Andernfalls könnte sich das Pferd beim Versuch herauszustürmen das Genick brechen. Zum Aussteigen reicht es bei einem souveränen Hängerfahrer hinten neben der Rampe zu stehen und mit der Hand auf der Kruppe das Tempo zu regulieren. Zögerliche Pferde schiebt man behutsam, aber bestimmt an der Brust rückwärts und wendet ihren Kopf Richtung Außenseite. So bewegt sich das Pferd über die Rampenmitte nach unten. Andernfalls würde es Gefahr laufen, neben die Rampe zu treten und sich zu verletzen.

Pferde schätzen einen ruhigen Fahrstil. Vor den Kurven, die das Pferd nicht voraussehen kann, sollte behutsam abgebremst werden und erst nach Ausgang der Kurve wieder beschleunigt werden. Eine vorausschauende Fahrweise reduziert scharfe Bremsungen, die das Pferd unangenehm auf die Bruststange drücken. Zum Verladen sollten Sie immer Handschuhe tragen. Allzu leicht könnte das Pferd doch rückwärts ausweichen und den Strick schmerzhaft durch die Hand ziehen. Das Pferd schützt man am besten mit gut gepolsterten Transportgamaschen oder dicken Bandagen. Vor allem mit den Hinterbeinen stehen unsichere Pferde oft sehr breit und geraten unter die Hufe der Mitfahrer. Hier schützen Springglocken vor Trittverletzungen im Bereich des Kronenrandes.

Fahren zwei oder mehrere Pferde gemeinsam, werden sie so kurz angebunden, dass der Hals noch zur Balance beitragen kann, sie ihre Mitfahrer aber nicht belästigen können. Heunetze sind nur bei längeren Fahrten notwendig. Sie müssen hoch und sehr sicher aufgehängt werden, damit Pferde nicht mit den Eisen hineingeraten. Bei sehr futterneidischen Pferden verzichtet man besser ganz darauf.

So steigen alle ein

- ⮕ Gehen Sie mit dem Pferd gerade auf den Hänger zu.
- ⮕ Das routiniertere Pferd zuerst verladen.
- ⮕ Einzeln fahrende Pferde links stellen.
- ⮕ Das Pferd mit Futter locken, aber nicht in die Augen sehen (wirkt rückwärts-treibend). Fressen darf es erst auf dem Fahrplatz.
- ⮕ An einer Wand geparkt muss nur eine Seite des Hängers gesichert werden.
- ⮕ Bei Dunkelheit das Fahrzeuglicht einschalten, damit auch die Innenbeleuchtung des Hängers funktioniert.
- ⮕ Für die Rampe einen festen Standplatz suchen.
- ⮕ Am Hang geparkt ist die Rampe weniger steil.
- ⮕ Ruhig bleiben und das Pferd nicht mehr rückwärts laufen lassen.
- ⮕ Eventuell mit einer Longe den Pferdepopo nach hinten begrenzen.
- ⮕ Pferde immer so kurz anbinden, dass sie nicht in den Strick steigen oder den Mitfahrer ärgern können.

Spiel und Spaß auf sechs Beinen
Bodenarbeit mit Vertrauen und Präzision

Mit „Bodenarbeit" können Pferd und Mensch die Kommunikation verbessern und die Körpersprache weiter verfeinern, auf die Pferde besonders gut ansprechen. Sie bietet die Chance, die Rangordnung zu klären und auf beiden Seiten Vertrauen aufzubauen, denn was am Boden nicht klappt, funktioniert auch im Sattel kaum. Bodenarbeit ist bei jungen Pferden die Basis für Erziehung und der Einstieg in die Grundausbildung. Für Reitpferde, Reha-Pferde und Senioren ist sie eine schöne Abwechslung zur Arbeit unter dem Sattel oder gegen Langeweile auf der Koppel.

1 Zirzensische Lektionen gymnastizieren und dehnen besonders beanspruchte Körperpartien des Pferdes. Mit Lektionen am Boden wie dem Kompliment lässt man dominante Pferde auf spielerische Weise unterordnen. Sie zeigen gleichzeitig das Vertrauen des Pferdes, wenn es seine Fluchtfähigkeit aufgibt.

2 Schüchterne Pferde lockt man mit der Schule über der Erde, das heißt im natürlichen Verhalten Dominanzgebaren wie Spanischer Schritt oder Steigen, aus der Reserve. Sie bekommen durch solche Übungen Selbstvertrauen.

3 Mit einfachen Trabstangen lernen Pferde Distanzen zu taxieren und ihre Beine zu sortieren. Die Stangenarbeit kann an der Longe oder im sportlichen Miteinander von Mensch und Pferd erfolgen.

4 Unterschiedliche Distanzen erfordern vom Pferd viel Aufmerksamkeit und Körperbeherrschung – Eigenschaften, die auch beim Reiten erwünscht sind.

5 Viel Pferd auf kleinem Raum: Für die geforderte Einparkübung im Reifen braucht ein Pferd Vertrauen zu seinem Menschen, Körpergefühl und Gehorsam.

6 Gymnastikbälle sind nach anfänglichem Misstrauen meist ein beliebtes Spielzeug, mit dem Pferde auch ausgelassene Ballspiele machen. Fliegende Bälle jeder Größe mindern außerdem die Schreckhaftigkeit.

Rauf aufs Pferd
Reiten lernen für Groß und Klein

Jetzt soll es losgehen!

Reiten ist eine der beliebtesten Sportarten und findet auch unter Nicht-
reitern große Aufmerksamkeit. Es ist
der Traum vieler Mädchen und Jungen,
der sich manchmal erst nach vielen
Jahren verwirklicht. Neben Kindern
trauen sich immer mehr Erwachsene zum ersten Mal aufs Pferd.

Persönlichkeitstraining im Sattel

Steigt der pferdebegeisterte Zweibeiner das
erste Mal in den Sattel, um reiten zu lernen, steht ihm eine spannende Zeit bevor.
Auf dem Pferderücken lernt der Mensch
viel mehr über sich als in anderen Sportarten, denn sein vierbeiniger Partner gibt
kontinuierlich Feedback. Reiten verlangt
Fitness, Beweglichkeit und Körperbeherrschung. Es fördert das Gleichgewicht,
Taktgefühl, Reaktionsfähigkeit, Anpas-
sungsfähigkeit und schult die Feinmoto-
rik. Reiten setzt Impulse, die das Gehirn
trainieren. Das Pferd fordert vom Menschen ein klares, authentisches und ver-
trauenswürdiges Verhalten. „Das Pferd ist
dein Spiegel. Es schmeichelt dir nie. Es
spiegelt dein Temperament. Es spiegelt
auch seine Schwankungen. Ärgere dich nie
über dein Pferd; du könntest dich ebenso-
wohl über deinen Spiegel ärgern." Mit diesen Worten beschreibt Rudolf G. Binding

treffend die Fähigkeit des Pferdes, mensch-
liches Verhalten zu reflektieren.

Wer suchet, der findet

Die ersten Stunden auf dem Pferd sind
meist mit einem ordentlichen Muskelkater
verbunden. Umso leichter aber zu ertra-
gen, wenn der Reitanfänger sich in den
Händen qualifizierter Ausbilder gut aufge-
hoben fühlt. Vor den ersten Reitstunden

*Qualitätssiegel
an der Stalltüre.
Schöner wohnen
für Pferde.*

steht meist die Frage nach dem passenden Ausbildungsbetrieb. Schauen Sie sich in Ruhe in ihrer Umgebung um. Bevor Sie sich einer bestimmten Reitweise zuwenden, bedenken Sie, dass das Erlernen eines vom Zügel unabhängigen, gut ausbalancierten Sitzes und die feinen Reiterhilfen überall zur Grundausbildung gehören. So spielt es keine Rolle, wenn die ersten Longen- und Reitstunden in den meisten Ausbildungsbetrieben in der englischen Reitweise erfolgen, auch bei Western- oder Gangpferdelehrern – egal, mit welcher Reitweise Sie später liebäugeln.

Die richtige Reitschule

Die Wahl der richtigen Reitschule ist entscheidend dafür, ob ein Reitanfänger auch langfristig Freude an seinem Hobby hat. Gepflegte, helle Stallungen und eine pferdefreundliche Haltung mit viel Platz für Bewegung und soziale Kontakte der Tiere untereinander schaffen gute Voraussetzungen für freundliche, ausgeglichene und kooperative Schulpferde. Die Schulpferde sind das Kapital einer Reitschule und so sollte es ihnen an nichts fehlen. Ein eigener Sattel und Trense für jedes Pferd, am besten auch ein eigenes Putzzeug sind kein übertriebener Luxus in einer aufgeräumten Sattelkammer. Auch brauchen die Vierbeiner regelmäßig Abwechslung auf der Weide, um die Seele baumeln zu lassen und sich körperlich zu regenerieren. Eine aufgeräumte Reitanlage mit einer gepflegten Halle oder Reitplatz bietet einen Rahmen zum Wohlfühlen. Ein respektvoller und freundlicher Umgangston unter Mitarbeitern, gegenüber Reitschülern, Pferdebesitzern und Tieren ist das beste Aushängeschild für eine gute Reitschule. Wo das alles stimmt, lohnt es sich, auch einen etwas weiteren Anfahrtsweg in Kauf zu nehmen.

⬆ *In einer aufgeräumten Sattelkammer verschwenden Mitarbeiter und Reitschüler keine Zeit mit Suchen.*

⬆ *Lieber auf der Weide toben als im Unterricht.*

Von Mund zu Mund

Auf der Suche nach einem guten Reitbetrieb hören Sie sich am besten unter Reitern im Freundeskreis um. Die Geschmäcker sind verschieden und doch kann jeder einen Betrieb beschreiben und kennt Vorzüge, aber auch Tücken. Neben der Infrastruktur interessiert natürlich auch die gute Erreichbarkeit vor allem für Kinder und Jugendliche, aber auch die Qualität der Schulpferde und das „gefühlte" Preis-Leistungs-Verhältnis.

Vertrauensperson Reitlehrer

Ein guter Reitlehrer hat eine fundierte Berufsausbildung, wenigstens aber einen Trainerschein eines von der FN anerkannten Verbandes. Er holt den Reitschüler auf seinem Leistungsstand ab und kann mit einem guten Gespür für die individuellen Möglichkeiten fordern und fördern. Er erklärt Fachbegriffe so sicher wie die

Qualität kostet

Hinter einer guten Reitschule steckt viel Kapital für pferdefreundliche Stallungen, reiterfreundliche Reitanlagen und großzügige Weideflächen, für die Pacht anfällt. Die Einnahmen aus Reitstunden müssen die Anschaffung, Pflege und den Unterhalt guter Schulpferde ermöglichen, die regelmäßige Fortbildung der Ausbilder und den Lohn zuverlässiger Arbeitskräfte und Auszubildender finanzieren. Gute Ausrüstung der Pferde, regelmäßige Hufpflege und Tierarztversorgung erwartet der Reitschüler von seiner Reitschule ebenso selbstverständlich wie die Instandhaltung der Reitanlage, gepflegte Sanitäranlagen und ein gemütliches Reiterstübchen für Treffen vor und nach dem Reiten. Reitschulen, die ihre Leistungen zu Billigpreisen anbieten, müssen an irgendeiner Stelle sparen – das aber hoffentlich nicht bei Schulenpferden, der Sicherheit oder der Qualität des Unterrichts.

Gutes Personal, das auch im größten Stress freundlicher und hilfsbereiter Ansprechpartner ist, hat seinen Preis.

In Gesellschaft lernen.

biomechanischen Abläufe, die im Pferd vorgehen und die die Grundlage einer sinnvollen Hilfengebung sind.

Pferde sind keine leblosen Sportgeräte und so wird ein guter Reitpädagoge im Unterricht und im Stall großen Wert auf einen partnerschaftlichen und sicheren Umgang mit dem Pferd legen, das sogenannte Horsemanship. Der Reitschüler darf Lob und Tadel in einem freundlichen und respektvollen Ton erwarten. Der Lehrer konzentriert sich ausgewogen auf alle Reitschüler und stellt Unterrichtseinheiten so zusammen, dass Schüler mit gleichem Leistungsstand gemeinsam reiten. Ein guter Reitlehrer ist so gekleidet, dass er den Reitern ein Vorbild ist und jederzeit während des Unterrichts zur Demonstration oder der kurzfristigen Korrektur aufs Pferd steigen kann. Vor allem im Umgang mit Kindern und Jugendlichen muss der Reitlehrer sich seiner Vorbildrolle bewusst sein und sich entsprechend verhalten. Überehrgeizigen Reitanfängern, aber auch Eltern von Reitschülern muss der Reitlehrer ehrlich die

Diskrepanz zwischen sportlichen Erwartungen und Leistungsvermögen des Nachwuchses vermitteln und zum Weiterlernen motivieren.

Ganze Aufmerksamkeit

Als Reitschüler haben Sie Anspruch auf Aufmerksamkeit: Reitlehrern, die während des Unterrichtes ihren Betrieb managen, telefonieren oder ihre Aufmerksamkeit Zuschauern hinter der Bande widmen, sollte man schnell den Rücken kehren. Als Reitschüler haben Sie jedoch auch gegenüber dem Pferd die Pflicht, Missstände in der Ausbildung oder im Umgang mit dem Pferd ebenso wie manipulative Maßnahmen, die der Pferdegesundheit offensichtlich schaden, zu erkennen und kritisch zu hinterfragen.

Professor Pferd

Ein wichtiges Qualitätskriterium einer guten Reitschule sind gut ausgebildete Schulpferde. Sie sollten vom Reitlehrer oder fortgeschrittenen Reitern regelmäßig

Ausbilder mit Brief und Siegel

Reitlehrer ist keine geschützte Berufsbezeichnung, und so tummeln sich in der Pferdeszene auch viele selbst ernannte Reitlehrer. Neben einigen, wirklich begnadeten Reitpädagogen ohne Zertifikat, gibt es aber auch Reitlehrer ohne rechtes Gespür für Mensch und Tier. Neben den Berufsreitern mit einer Ausbildung zum Bereiter, Pferdewirt oder Pferdewirtschaftsmeister dient die offizielle Einteilung in Trainer A, B und C vom Amateurreitlehrer bis zum Übungsleiter bei Englisch- und Westernreiten, Islandpferde- und Gangpferdereiten sowie den Voltigierern der besseren Orientierung.

gymnastiziert und korrigiert werden. Auf steifen, unrittigen Pferden – häufig ausgemusterte und körperlich angeschlagene Sportpferde oder billige „Sonderposten" aus Notverkäufen oder vom Pferdemarkt ohne solide Ausbildung – lernt kaum jemand mit Freude reiten. Ein gutes Schulpferd folgt willig den korrekten Hilfen des Reiters, fügt sich aber auch brav innerhalb einer Abteilung ein. Im Idealfall leben Schulpferde in einer Gruppe zusammen, sodass Rangordnungsstreitigkeiten oder andere Unverträglichkeiten nicht auf Kosten eines guten Unterrichts in der Reitstunde unter den Pferden ausgetragen werden. Gute Reiter wissen, wie schwer es ist, Unterricht auf guten Schulpferden zu finden. Die sorgfältige Ausbildung solcher Pferde ist lang und dementsprechend muss der gute Unterricht bei Professor Pferd auch kosten. Vorsicht also bei „Dumpingpreisen" für eine Reitstunde. Irgendwo wird gespart und das sind meist die Pferde, die durch jahrelangen Reitschuleinsatz „mit allen Wassern gewaschen" sind.

Gute Schulpferde sind leider rar. Sie garantieren aber Spaß und raschen Lernerfolg.

Die ersten Lernschritte

Sicher an der Longe

Die ersten Reitstunden nimmt der Reitanfänger am besten an der Longe. Der Reitlehrer wirkt hier auf das Pferd ein, treibt und bremst, während der Schüler sich langsam und entspannt auf das neue Bewegungsgefühl einstellen kann.

Allein aufs Pferd

Nach ein paar Longenstunden sitzt der Reitschüler meist so sicher, dass er auf einem freundlichen und routinierten Schulpferd reif für eine Gruppenstunde ist. Wer in kurzer Zeit viel lernen möchte, entscheidet sich für die teureren Einzelstunden, in denen der Reitlehrer intensiv auf die individuellen Fähigkeiten und Defizite des Reitschülers eingehen kann. Die Anforderungen sind insgesamt höher, da der Reitschüler die volle Aufmerksamkeit genießt. Einzelstunden sollten aus diesem Grund vor allem anfangs nur zwischen 30 und 45 Minuten dauern. Längerer Unterricht überfordert die Konzentrationsfähigkeit und meist auch die körperliche Kondition des Reitschülers.

Reiten in der Gruppe

Im Gruppenunterricht haben Schüler die Gelegenheit, neu Gelerntes und Korrekturen ohne Dauerbeobachtung in Ruhe umzusetzen. Fortgeschrittene Reiter können dann auch durcheinander reiten. So erkennen sie schnell, ob sie ihr Pferd selbst steuern oder ob es dem Herdentrieb folgt. Gruppenunterricht in der Abteilung hat heute oft einen negativen Beigeschmack,

Wer zum ersten Mal aufs Pferd steigt, ist auf das Urteilsvermögen des Reitlehrers angewiesen. Zwischen ihm und dem Pferd besteht nur eine dünne Verbindung, die Longe.

⬇ *Ein guter Reitlehrer findet auch in Gruppenstunden Raum für individuelle Förderung.*

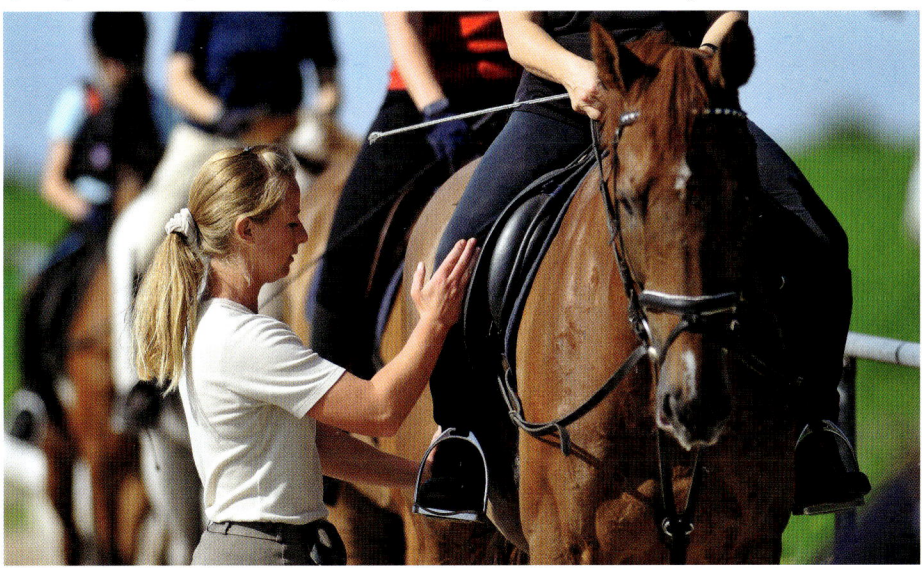

ist aber auch aus organisatorischen Gründen kaum zu umgehen, denn Reitanfänger sind in größeren Gruppen schnell überfordert. Ein routinierter Reitlehrer kann maximal acht Reitschüler ausreichend individuell betreuen, ohne dass der Unterricht für die anderen Teilnehmer bei Einzelaufgaben langweilig wird. In der Abteilung reitet die Gruppe mit einer Pferdelänge Abstand hintereinander her. Der Tête-Reiter an der Spitze setzt die Anweisungen des Reitlehrers zuerst um. Engagierte Reitlehrer sorgen für Abwechslung: Sie lassen die Reihenfolge ändern und einzeln Übungen reiten. Am Ende der Stunde sollte der Reitlehrer den Inhalt nochmals zusammenfassen und einen Ausblick auf die nächste Stunde geben.

Theorie muss sein

Theorie sollte fester Bestandteil der Reitausbildung sein und in speziellen Unterrichtsstunden oder während Entspannungsphasen im Reitunterricht vermittelt werden.

Alle gleich

In einer Gruppenstunde sollten die Reiter ein ähnliches Niveau haben, um sich nicht zu langweilen oder gegenseitig zu behindern. Die Pferde sollten in der Größe zusammenpassen, um sich in den schnelleren Gangarten nicht zu behindern.

Hier soll der Pferdefreund mit Themen rund um Haltung, Pflege, Equipment, Fütterung und Gesundheit mehr Verständnis für seinen Sportpartner bekommen. Nur gute theoretische Kenntnisse rund um die Bedürfnisse des Pferdes machen einen guten Reiter später auch zu einem verantwortungsbewussten Pferdebesitzer oder einer zuverlässigen Reitbeteiligung. Sobald Sie die Zügel in der Hand halten, übernehmen Sie die Verantwortung für ein Lebewesen und sollten als fortgeschrittener Reitschüler alles rund ums Pferd aufmerksam beobachten und wo es nötig erscheint, kritisch hinterfragen.

Gedanken zum Umgang mit Pferden

Die ethischen Grundsätze des Pferdefreundes, wie sie die Deutsche Reiterliche Vereinigung (FN) formuliert hat, sind Leitlinien für den Umgang mit dem Pferd und dürfen bei allen sportlichen Ambitionen nicht außer Acht gelassen werden.

1 Wer auch immer sich mit dem Pferd beschäftigt, übernimmt die Verantwortung für das ihm anvertraute Lebewesen.
Das gilt auch für den Reitschüler, sobald er die Zügel übernimmt.

2 Die Haltung des Pferdes muss seinen natürlichen Bedürfnissen angepasst sein.
Bei aller erdenklichen Fürsorge und Beschäftigung mit unserem Pferd sind wir kein ausreichender Ersatz für Pferdegesellschaft mit Körperkontakt, ausreichend Bewegung über mehrere Stunden und pferdegerechte Fütterung.

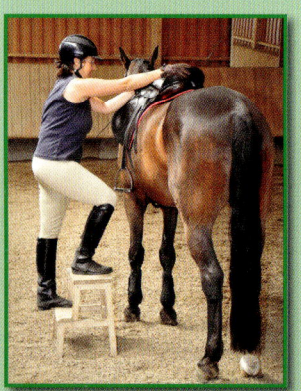

3 Der physischen wie psychischen Gesundheit des Pferdes ist unabhängig von seiner Nutzung oberste Bedeutung einzuräumen.
Unsere Erwartungen an die Leistungsfähigkeit des Pferdes und seine Nutzung haben da ihre Grenze, wo das Pferd körperlich und seelisch überfordert wird.

4 Der Mensch hat jedes Pferd gleich zu achten, unabhängig von dessen Rasse, Alter und Geschlecht sowie Einsatz in Zucht, Freizeit oder Sport.
Pferde sind alle gleich optimal zu behandeln und zu halten, egal ob es der Turniercrack mit Spitzenabstammung oder der Mischling ohne Papiere vom Pferdemarkt ist, der seine Menschen treu im Sattel trägt.

5 Das Wissen um die Geschichte des Pferdes, um seine Bedürfnisse sowie die Kenntnisse im Umgang mit dem Pferd sind kulturgeschichtliche Güter. Diese gilt es zu wahren und zu vermitteln und nachfolgenden Generationen zu überliefern.

6 Der Umgang mit dem Pferd hat eine persönlichkeitsprägende Bedeutung gerade für junge Menschen.
Kinder und Jugendliche lernen im Umgang mit Pferden mehr als in vielen anderen Sportarten oder in der Schule ihre Möglichkeiten und Grenzen kennen, denn das Pferd reagiert ehrlich und klar auf ihr Verhalten.

7 Der Mensch, der gemeinsam mit dem Pferd Sport betreibt, hat sich und das ihm anvertraute Pferd einer Ausbildung zu unterziehen. Ziel jeder Ausbildung ist die größtmögliche Harmonie zwischen Mensch und Pferd. Neben der Harmonie ist vor allem die körperliche und seelische Unversehrtheit des Pferdes das Ziel einer guten Ausbildung.

9 Die Verantwortung des Menschen für das ihm anvertraute Pferd erstreckt sich auch auf das Lebensende des Pferdes. Dieser Verantwortung muss der Mensch stets im Sinne des Pferdes gerecht werden.
Wenn Pferde alt oder so verletzt sind, dass sie nicht mehr schmerzfrei leben können, ist der Pferdehalter in der Pflicht, sie zu erlösen.

8 Die Nutzung des Pferdes im Leistungs- sowie im allgemeinen Reit-, Fahr- und Voltigiersport muss sich an seiner Veranlagung, seinem Leistungsvermögen und seiner Leistungsbereitschaft orientieren.
Pferde dürfen aus sportlichem Ergeiz nicht überfordert werden. Sie sind abhängige Wesen und Doping ist zu Leistungssteigerung ebenso verwerflich wie unverhältnismäßig ausgeübter Druck durch scharfe Gebisse, Sporen und Gerteneinsatz oder Trainingsmethoden, die das Pferd körperlich und seelisch verschleißen.

Quelle: FN

Auf Händen reiten

Im Reitsport reitet man ohne Sinn für den Uhrzeiger. Auch sitzt man, wenn es um die Bahnregeln geht, nicht mehr auf dem Hintern, sondern auf Händen. Die „Hand" gibt die zur Bahninnenseite sehende Vor- und Hinterhand an. Zum dicken Ende kommt noch die alles überragende „Links-vor-Rechts-Regel" – ganz anders als im Straßenverkehr. Wer auf der linken Hand reitet, darf auf dem Hufschlag bleiben. Wer auf der rechten Hand entgegen kommt, muss auf den zweiten Hufschlag, zwei Pferde breit weiter innen, ausweichen. Langsame

Reiter weichen auf weiter innen liegende Hufschläge aus. Schrittreiter gehen weit nach innen auf eine Kriechspur, wo sie niemanden behindern und Ausweichmanöver schnellerer Pferde auf den beiden äußeren Hufschlägen ermöglichen.

Vorsicht Engstelle!

Geht es zu Stoßzeiten eng und unübersichtlich zu, ist Rücksicht auf (schwächere) Mitreiter geboten. Um der Pferdegesundheit und des Friedens willen sollten Sie freiwillig und vorausschauend bremsen und ausweichen. Zum Anhalten geht der höfliche Reiter auf den zweiten Hufschlag. (Pferden fehlt die praktische Bremsleuchte.) Ruhe und ein verantwortungsvoller Umgang miteinander ermöglicht allen konzentrierte Arbeit. Longieren zwischen Reitern stört nicht nur den Trainingsablauf, sondern kann richtig gefährlich werden. Hier heißt es zu einer anderen Zeit oder an einem anderen Ort arbeiten.

Hier geht's lang – Bahnregeln

Auf dem richtigen Weg befinden sich alle Reiter, die die allgemein gültigen Bahnregeln verinnerlicht haben. Sie gelten auf allen Turnierplätzen und in Reithallen. Die Regeln verhindern schmerzhafte Zusammenstöße von Pferden und ermöglichen ein stressfreies Miteinander der Reiter. Die korrekt gerittenen Hufschlagfiguren auf dem Reitplatz mit den gängigen Maßen von 20 m x 40 m oder 20 m x 60 m dienen der Gymnastizierung des Pferdes und werden in Dressurprüfungen gefordert.

Blickt man beim Reiten in der Abteilung zwischen den Ohren seines Pferdes durch auf die Hinterbeine seines Vordermannes, so sollte man die Hufe sehen können. Hier ist der Abstand noch zu gering.

Hufschlagfiguren auf den Punkt gebracht

- **Ganze Bahn:** entlang der Bande um die gesamte Bahn

- **Halbe Bahn:** entlang der Bande, Abbiegen am jeweils mittleren Bahnpunkt der langen Seite zum gegenüberliegenden Bahnpunkt, dabei auf der gleichen Hand bleiben

- **Durch die ganze Bahn wechseln:** am ersten Bahnpunkt nach der zweiten Ecke der kurzen Seite abwenden und in einer Diagonalen zum letzten Bahnpunkt der gegenüberliegenden langen Seite reiten

- **Durch die halbe Bahn wechseln:** am ersten Bahnpunkt nach der zweiten Ecke der kurzen Seite abwenden und in einer Diagonalen zum mittleren Bahnpunkt der gegenüberliegenden langen Seite reiten

- **Auf dem Zirkel geritten:** einen Kreis zwischen den Zirkelpunkten reiten; an diesen muss das Pferd jeweils parallel zur Bande stehen

- **Aus dem Zirkel wechseln:** auf dem Zirkel reiten und am Wechselpunkt X in der Bahnmitte auf den anderen Zirkel und damit die Hand wechseln

- **Durch den Zirkel wechseln:** nach dem Zirkelpunkt an der langen Seite in einer schön geschwungenen Linie in die Zirkelmitte steuern, um dort auf die andere Hand zu wechseln

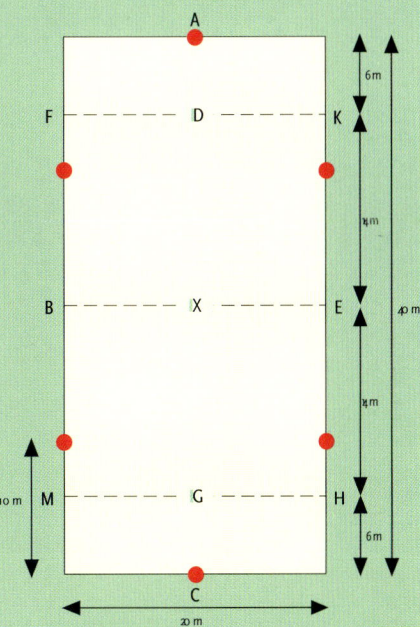

- **Einfache Schlangenlinie:** nach der zweiten Ecke der kurzen Seite vom Zirkelpunkt bis in Höhe des mittleren Bahnpunktes B oder M in einem harmonischen Schwung rund 5 Meter ins Bahninnere und wieder hinaus zum Zirkelpunkt reiten

- **Schlangenlinie in drei bis fünf Bögen:** die Bögen gleichmäßig auf die Bahnlänge verteilen; bei vier Bögen folgt automatisch ein Handwechsel, bei drei und fünf Bögen muss man auf der Hand ankommen, auf der man gestartet ist

Ausrüstung von Pferd und Reiter

↓ Sporen gehören nur an Profibeine und immer parallel zum Absatz.

Für die ersten Reitstunden tut es eine bequeme Jeans (ohne drückende Naht im Schritt!) oder eine geliehene Reithose. Gehen Sie zur Probe vorher einmal tief in die Hocke, um zu testen, ob die Hose die Strapazen auf dem Pferd mitmachen wird. Tragen Sie dazu Schuhe mit einem kleinen Absatz, der vor dem Durch-die-Bügel-rutschen schützt – beispielsweise leichte Wanderschuhe. Auf einen Helm sollte der Reitanfänger auf keinen Fall verzichten.

Kleider machen Reiter

Wer trotz anfänglichem Muskelkater beim Reitsport bleibt, ist in einer pflegeleichten Reithose mit synthetischem Voll- oder Teillederbesatz gut angezogen. Reitjeans müssen flache Nähte an den empfindlichen Stellen des Reiters im Schritt haben. Je nach Schnitt tragen Sie Reitstiefel, Stiefeletten zu Jodphurhosen oder bleiben bei den für Stallarbeit und Reiten bequemen Trekkingschuhen mit Chaps. Sie sind auch bei einem längeren unfreiwilligen Fußmarsch auf einem Geländeritt die bequemste Wahl. Lederreitstiefel machen ein stabiles Bein, sind aber wenigstens zu Beginn eher overdressed. Das teure Schuhwerk ist in den meisten Ställen Standard, aber für Stallarbeiten oder auf matschigen Koppeln zu empfindlich. Eine robuste Alternative sind Cowboystiefel aus grobem Leder. Sporen sind Hilfsmittel, die nur an die Füße erfahrener Reiter gehören. Oben ist alles erlaubt, was bequem und auf dem

↑ Bei „akrobatischen Übungen" wie dem Nachgurten vom Pferderücken aus, zeigt sich, ob die Reithose – hier mit Vollllederbesatz – wirklich bequem ist.

⬇ *Handschuhe schützen vor schmerzhaften Auf-reibungen durch die Zügel.*

⬇ *Für Kinder Pflicht: Ein sicherer Reithelm nach DIN-Norm.*

Pferd leicht zu bedienen ist. Im Unterricht schätzen Reitlehrer taillierte Westen und Jacken, die einen objektiven Blick auf die Haltung des Reiters im Oberkörper gewähren. Wer sich rund um den Reitunterricht bei Wind und Wetter draußen aufhält, ist mit wetterfester Outdoorkleidung gut beraten. Handschuhe schützen nicht nur vor Kälte, sondern auch vor Aufschürfungen und Brandblasen zwischen den Fingern. Sind die Hände erst mal wund, wirken sie gefühllos und meist grob auf das Pferdemaul ein.

Alles für die Sicherheit

Das Tragen eines Reithelms wird unter Reitern (leider) noch immer sehr kontrovers diskutiert, obwohl der Reitsport als Risikosportart gilt. Es passiert kaum häufiger ein Unfall als in andern Trendsportarten, aber wenn, dann richtig, und so hat schon mancher Helm Leben und Verstand gerettet. Moderne Helme haben einen großen Komfort durch geringes Gewicht und gute Klimatisierung. Sie sehen ansprechend aus und bieten ein hohes geprüftes Sicherheitsniveau. Durch die verstellbare Innenpolsterung wachsen die Helme bei Kin-

dern mit und lassen bei Erwachsenen auch mal einer Mütze Platz.

Sicherheitswesten mit Rückenprotektoren bieten keinen vollständigen Schutz vor Rückenverletzungen und schränken die Beweglichkeit auf dem Pferd ein wenig ein. Ängstliche Reiter fühlen sich jedoch oft sicherer damit. Für den Springsport werden sie empfohlen, in Geländeprüfungen sind sie Pflicht.

⬅ *Auch Erwachsene sind gut „behütet" besser dran!*

Die Reitausrüstung von Kindern muss sicher, aber nicht teuer sein.

Kinder, Kinder

Kinder stellen besondere Anforderungen an ihre Reitausrüstung – und den Geldbeutel der Eltern. Natürlich muss es wie bei den Großen aussehen. Da Kinder aber sehr schnell wachsen und ihre Reitkleidung durch Toben im Stroh und auf dem Hof, aber auch bei der Mithilfe bei Pflegearbeiten im Stall oft stark strapazieren, ist hier Zweckmäßigkeit vor Modetrends angesagt. Gespart werden darf an allem, nur nicht an der Sicherheit. Die kleinen Pferdefreunde müssen einen gut passenden Helm haben – manche Modelle wachsen mit –, der regelmäßig auf Schäden überprüft und nach einem Sturz ausgewechselt werden muss. Dieser sollte nicht nur beim Reiten, sondern bei allen Arbeiten rund um das Pferd auf dem Kopf sein. Es gibt bereits spezielle Helme für Kleinkinder. Bequeme Kinderreithosen aus Baumwollmischgewebe sind sinnvoll, wenn die Kleinen regelmäßig reiten. Unter sie sollte im Winter eine warme Skiunterhose passen. Wer

Auf Norm achten

Moderne Reithelme mit den höchsten Sicherheitsstandards sind nach DIN-Normen zertifiziert. Die aktuelle Norm erfahren Sie vom Hersteller oder Fachhändler. Der Helm muss über eine Dreipunktbefestigung des Kinnriemens verfügen und ausreichend Nackenfreiheit haben. So kann er bei einem Zusammenstoß mit einem Ast beispielsweise keine Nackenverletzungen verursachen.

⬇ *Qualitativ hochwertige, langlebige Ausrüstung ist ihr Geld wert, wenn der Reitsport öfter als nur gelegentlich ausgeübt wird.*

friert, kann nicht reiten. Gummireitstiefel sind schick und beliebt. Im Sommer haben die Kinder darin jedoch meist feuchte, im Winter kalte Füße. Sinnvoller sind hier vielseitig verwendbare Trekkingstiefel mit leichtem Absatz und Chaps.

Gut einkaufen

Reitzubehör kauft, wer noch keine Erfahrung hat, am besten im Fachhandel. Hier erhalten Sie gute Beratung und Informationen über die aktuellen Sicherheitsstandards bei Reithelmen, Sicherheitswesten und Rückenprotektoren. Außerdem kann Reitbekleidung in Ruhe anprobiert werden. Wer sich ausführlich über Sicherheit, Tragekomfort und Haltbarkeit informieren möchte, kann per Internet-Recherche bei den gängigen Pferdezeitschriften fündig werden (⊚ Zum Weiterclicken, Seite 117).

Dort werden immer wieder Tests durchgeführt, die als Kauforientierung dienen können.

Bequem einkaufen kann man über Versandhändler, die eine Vielzahl von Produkten in einem guten Preis-Leistungs-Verhältnis mit Umtauschservice anbieten. Schnäppchen kann man auf Reiterflohmärkten oder in privaten Internetauktionen machen. Dann aber ohne Umtauschmöglichkeit. Hier kann man sich auch nicht sicher sein, ob die angebotenen Helme und Sicherheitswesten wirklich unfallfrei sind. Reitbekleidung fällt sehr unterschiedlich in der Größe und bei Billigangeboten auch in der Qualität aus – ein Risiko, das man eingehen muss.

In vielen Reitställen gibt es ein schwarzes Brett, auf dem vor allem Reithosen und Stiefel für Kinder angeboten werden.

Gesattelt und gezäumt

Sattel, Zaumzeug und Gebisse sind Bindeglieder zwischen Reiter und Pferd. Entsprechend wichtig ist ihr guter Sitz, vor allem für das Pferd, das auf unnatürliche Weise Gewicht tragen muss. Auch dem Reiter muss ein Sattel angenehm sein, damit er sein Gleichgewicht finden und dem Pferd feine, aber deutliche Hilfen mit Kreuz und Schenkel geben kann.

Der Sattel verbindet im „Zwiegespräch zweier Körper und zweier Seelen, das dahin zielt, den vollkommenen Einklang zwischen ihnen herzustellen." Waldemar Seunig

Kleine Sattelgeschichte

Die ersten sattelähnlichen Konstruktionen wurden zur sicheren Gepäckaufbewahrung auf dem Pferd, nicht aber zum Reiten erfunden. Diese Bocksättel bestanden aus zwei einfachen Brettern links und rechts, die vorne und hinten mit Bügeln befestigt waren, um den Pferderücken zu entlasten. Mit Kissen und Decken abgepolstert waren sie die Prototypen der ersten Reitsättel. Kissen, Decken oder Felle dienten als erste Sättel und die Reiter fertigten sie individuell. Die Kelten bauten die ersten Hornsättel, die viel Halt boten. Die Römer übernahmen diese Sattelform.

Steigbügel waren eine Erfindung asiatischer Reitervölker, die ab dem 3. Jahrhundert n. Chr. zusätzlichen Halt boten. Im 8. Jahrhundert hielten sie auch bei europäischen Reitern Einzug. Anfangs waren es einfache Lederschlaufen, später Bügel aus Holz oder Metall, die zunehmend massiver wurden.

Der Sattelbaum wurde um die Zeit von Christi Geburt von einem iranischen Reitervolk entwickelt. Aus den Bocksätteln entstanden später Trachtensättel, die später von kürzeren Pritschensätteln abgelöst wurden. Jede Reitweise und später Reitsportdisziplin entwickelte aufgrund ihrer individuellen Anforderungen für die Arbeit mit den Pferden eigene Sättel.

Sättel für jede Disziplin

Der Englische Sattel ist eine Weiterentwicklung der Kavalleriesättel. Der Baum aus Holz, Metall oder Kunststoff gibt dem Sattel Stabilität und Halt. Die Bäume sind starr oder gefedert. Die Trachten sind heute bei fast allen Sätteln verschwunden und durch kürzere Sattelkissen ersetzt. Der leichte Sport- oder Jagdsattel wurde jedoch für kurze Trainingszeiten entwickelt. Für

Der Steigbügel gibt zusätzlichen Halt.

mehrstündige Ritte wurde eher auf Trachtensättel, die traditionellen Arbeitssättel, zurückgegriffen.

- Der **Dressursattel** hat eine relativ kleine Auflagefläche und lässt Biegungen zu ohne „Brücken" mit Druckstellen im vorderen und hinteren Bereich des Sattels zu bilden. Der Sitz ist tief und nah am Pferd. Das Sattelblatt ist lange und gerade. Je nach Geschmack und reiterlichem Geschick gibt es Sättel mit geringer Bewegungsfreiheit auf der Sitzfläche durch sehr hoch geschnittene Vorder- und Hinterzwiesel oder flachere Modelle, die einen flexibleren Sitz erlauben.

- Der **Springsattel** ist etwas länger als der Dressursattel und hat einen flacheren Sitz. Dicke Pauschen unter den weit nach vorne gezogenen Sattelblättern bieten dem Knie viel Halt.

- Der **Vielseitigkeitssattel** vereint die Eigenschaften der vorangegangenen Satteltypen und ist ein häufiger Reitschulsattel. Die Sattelblätter sind nicht so weit nach vorne ausgeschnitten. Die Pauschen aber dick genug, um auch leichte Sprünge zu überwinden.

Neben diesen gängigen Satteltypen gibt es in den verschiedenen Reitweisen zahlreiche weitere Sattelmodelle, die den speziellen Arbeitsanforderungen mit dem Pferd entsprechen. Westernsättel und Iberische Sättel bieten dem Reiter einen guten Halt und verweisen auf ihren traditionellen Einsatz in der Arbeit mit Vieh. Die herkömmlichen Islandpferdesättel sind Trachtensättel, die auf langen Tagesritten zum Einsatz kamen. Mit der sportlichen Neuausrichtung des Gangpferdesports sind diese Sättel immer weniger gefragt.

V. l. Nah am Pferd, vielseitig, flexibel – Dressursattel, Vielseitigkeitssattel und Springsattel im Vergleich

Der Sattel für Komfort und Sicherheit

Pferde sind selbst innerhalb einer Rasse sehr unterschiedlich im Körperbau: Rückenlänge, Rippenwölbung und Wirbelsäulenverlauf machen individuell angepasste Sättel für Pferde notwendig. Der Sattel muss aber auch dem Reiter passen, die Sitzfläche ausreichend lang und in der Breite dem Stand der Sitzbeinhöcker entsprechen. Teilen sich viele Reiter ein Pferd, ist dieser Anspruch nur schwer zu erfüllen und die Bedürfnisse des Pferdes haben absoluten Vorrang.

Decken sind zum Schutz des Sattels, nicht des Pferderückens. Sie dürfen keinesfalls zum Ausgleich eines zu weiten Sattels dienen. Hier muss ein guter Fachmann den Sattel anpassen. Jedes Pferd sollte seinen eigenen, individuell angepassten Sattel haben – oder teilen Sie sich mit Freunden oder der Familie die Schuhe?

Eine dicke Unterlage ersetzt keinen passenden Sattel. Lammfellunterlagen direkt auf dem Pferderücken vermindern Reibung und sorgen bei Wärme und Kälte für ein angenehmes Klima.

Sattelcheck

Eine regelmäßige Sattelkontrolle dient der Sicherheit. Steigbügelschlösser müssen sich leicht öffnen. Sie werden ab und zu geölt. Steigbügelriemen müssen auf Risse und offene Nähte kontrolliert werden.

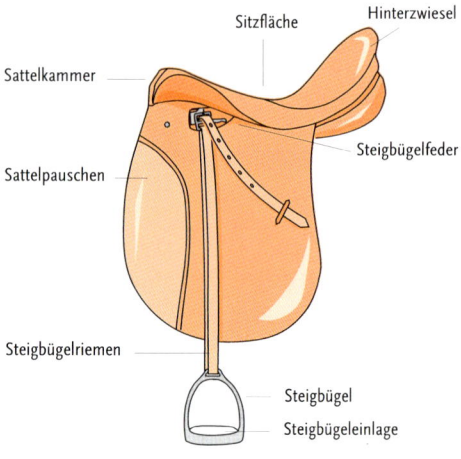

Größere Schäden oder offene Nähte am Sattel werden von qualifizierten Sattlern fachgerecht repariert.

Hilfe, der Sattel rutscht

Kaltblutpferde und viele Ponyrassen haben häufig eine schwierige Sattellage: Wenig Widerrist und ein sehr runder Rippenbogen lassen Sättel schaukeln und rutschen. Schweifriemen hindern den Sattel am Vorrutschen. Sie sind an einer Öse am Hinterzwiesel festgemacht und laufen um die Schweifrübe. Sie müssen so locker sein, dass eine Hand aufrecht darunterpasst. Der Vorgurt erfüllt den gleichen Zweck. Er ist ein dicker Ledergurt mit Bügeln, der vor dem Sattel liegt oder an den Vorgurtstrupfen des Sattels befestigt wird.

Das Vorderzeug hindert den Sattel am Zurückrutschen. Die Lederriemen fixieren den Sattel y-förmig zwischen Gurt und Pferdebrust. Im Vielseitigkeitssport sind sie manchmal sinnvoll. Die meisten Hilfsmittel schränken das Pferd aber in seiner Bewegung und im Wohlbefinden ein und ersetzen keinen passenden Sattel.

Zügel in der Hand

Die Reiterhilfen geben einem Pferd den Rahmen, in dem es sich bewegen soll. Kreuz und Schenkel kontrollieren Rumpf und Beine. Die Hand, die über die Zügel eine Verbindung zum Pferdemaul hat, begrenzt vorne und kontrolliert damit nicht zuletzt das Tempo.

Für die Zäumung und die Wahl des Gebisses sind der Ausbildungsstand des Pferdes und seine Anatomie entscheidend. Weitere Kriterien sind die Reitweise sowie Geschick und Erfahrung des Reiters. Grundsätzlich gilt: Weniger ist mehr.

Einfache Trensen

In Reitbetrieben haben die meisten Pferde einfach gebrochene Wassertrensen an ihren Zäumen. Sie wirken auf den Gaumen und die Laden, die natürliche „Zahnlücke" im Unterkiefer zwischen Schneide- und Backenzähnen. Locker im Maul platziert, dürfen die Gebisse nicht die Zähne berühren. Die Maulspalte bildet je nach Länge ein bis zwei Falten.

Auch doppelt gebrochene Gebisse, sogenannte Ausbildungsgebisse, findet man bei Schulpferden. Dieses Gebiss wirkt verstärkt auf die Laden und die Zunge. Außerdem gibt es weitere einfache Gebisse ohne verstärkende Hebelwirkung wie das Olivenkopfgebiss oder die Knebel- und Schenkeltrensen, die ein Durchziehen des Gebisses durch das Maul verhindern.

Gebisse mit Hebel

Eine zusätzliche Hebelwirkung haben alle Gebisse mit Ober- und Unterbäumen. Das sind zusätzliche Ringe an einer Verlängerung ober- und unterhalb der im Maul liegenden Stange bei Kandaren oder einem gebrochenen Gebiss wie dem Pessoa. Die Unterbäume verstärken abhängig von ihrer Länge durch ihre Hebelwirkung die Kraftübertragung ins Maul (kurze Anzüge wirken stärker als lange). Solche Gebisse gehören nur in die Hand erfahrener Reiter mit einem sicheren und Zügel unabhängigen Sitz.

Für jeden Geschmack

Pferdegebisse gibt es aus unterschiedlichem Material: Eisen, Edelstahl, Kupferlegierungen mit unterschiedlichen Anteilen des Metalls wie Argentan (65 %) und Aurigan (85 %) deren süßlich schmeckende Oxidationsschicht, Pferde zum Kauen und Speicheln anregt. Alternativ gibt es reine Kupfergebisse, Ledergebisse oder Kunststoffgebisse aus Gummi oder Nathe.

Wirkungsmechanik

Je nach Bauart wirken Gebisse ganz unterschiedlich auf die Zunge, Laden oder Gaumen. In Verbindung mit dem Zaumzeug über die Oberbäume auch auf das Genick. Die Kinnkette bei Kandaren und Pelham wirkt zusätzlich auf das Kinn. Sie müssen sorgfältig eingestellt werden, um dem Pferd keine Schmerzen zuzufügen.

❶ Oben v. l.: doppelt gebrochenes Ausbildungsgebiss, Wassertrense, Nathe-Gebiss einfach gebrochen; unten v. l.: doppelt gebrochenes Pelham, Kandare.

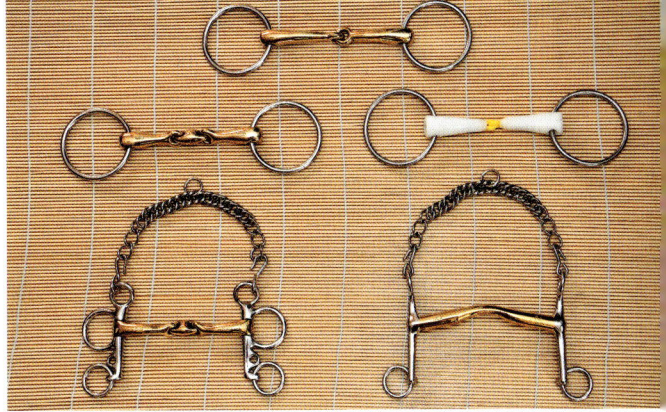

● *Englisch kombiniertes Reithalfter*

Zäume ...

Zäume gibt es von ganz schlicht mit einem einfachen Kopfstück aus zwei Riemen bis zum aufwendigen Kandarenzaum. Im Schulbetrieb haben die Pferde meist noch einen Stirnriemen, einen Kehlriemen und ein Reithalfter, dass das Aufsperren des Mauls durch den Nasen- und Kinnriemen verhindern soll.

... richtig verschnallt

Beim Hannoverschen Reithalfter laufen der Nasen- und Kinnriemen über den Trensenringen. Der Nasenriemen muss dabei zwei Finger breit über dem Ende des Nasenbeins liegen, um die Atmung nicht zu behindern. Beim Englischen Reithalter verläuft der Nasenriemen unter den Backenstücken etwa zwei Finger breit unterhalb des Jochbeins. Ein zusätzlicher Sperrriemen verläuft über den Trensenrin-

● *Eine korrekt verschnallte Kandare: Unterbaum und Kinnkette stehen bei losen Zügeln im 45° Winkel zueinander.*

⬇ *Englisch kombiniertes Reithalfter*

ersetzt. Die Bosals im Westernsport sind kunstvoll aus Lederbändern gebundene oder aus Rohhaut geflochtene Nasenstücke. Kolumbianische Bosals sind breite Nasenriemen aus Leder, in die Metallnoppen eingearbeitet sind. Sie sind im Gangpferdesport gebräuchlich. Das Hackamore wirkt nicht nur auf den Nasenrücken ein, sondern wie eine Kandare durch seine Konstruktion mit einer Kinnkette auch auf das Genick und Kinn. Es gehört wegen seiner scharfen Wirkung nur in die Hände erfahrener Reiter.

Gebisslose Zäume können wie Gebisse unangenehm und schmerzhaft in Abhängigkeit von der Erfahrung und Sensibilität der Hand am Zügel wirken. Sie erfordern vor allem bei der biegenden Arbeit mit dem Pferd noch mehr Einwirkung über den Sitz.

gen. Seltener sieht man das Schwedische Reithalfter mit dickem Nasenriemen und Umlenkrolle zum Verschließen des Nasenriemens oder das Mexikanische Reithalfter mit dem überkreuzten Nasenriemen. Kandarenzäume haben vier Backenstücke für die Kandare und die Unterlegtrense.

Gebisslos

Gebisslose Zäume sind eine Alternative für Pferde mit Maulproblemen. Eigentlich sollten sie auch im Anfängerunterricht auf braven leichttrittigen Pferden zum Einsatz kommen und die empfindlichen Pferdemäuler vor harten Anfängerhänden schützen. In der Westernszene und bei einigen Gangpferderassen gehören sie zur rassetypischen Ausstattung. Statt im Maul wirken diese Zäume auf das Nasenbein. Beim Sidepull – auch Lindel genannt – ist der Nasenriemen durch ein hartes gewachstes Seil

⬆ *Völlig ohne Gebiss und Zaumzeug, nur mit Halsring. Dies empfiehlt sich zur Sicherheit nur in umzäumter Fläche, wie hier auf einer Weide.*

⊙ *Das Pferd dehnt sich vertrauensvoll – ohne Hilfsmittel – an die sicher führende Reiterhand. Es lässt den Hals fallen und der Rücken kann mit losgelassener unverkrampfter Muskulatur tragen.*

Hilfszügel für Hilfsbedürftige

Hilfszügel sind immer dann notwendig, wenn – Mensch oder Pferd – vorübergehend zusätzliche Hilfe benötigen: Wenn Pferde etwa den Kopf zu weit hochnehmen, weil sie noch nicht verstanden haben, was von ihnen gefordert wird oder weil sie durch schlechtes Reiten in der

Vergangenheit in eine verspannte Vermeidungshaltung mit hohem Kopf gezwungen wurden. Für Reiter ist der Hilfszügel so lange ein legitimes Hilfsmittel, bis sie gelernt haben, das Pferd über Schenkel- und Gewichtshilfen zu lenken und dem Pferd mit einer weichen, gefühlvollen Hand eine vertrauensvolle Anlehnung zu bieten.

Eine verantwortungsvolle Reitschule wird ihren Pferden, im Anfängerunterricht wo nötig, Unterstützung mit Hilfszügeln bieten. Diese dürfen jedoch nur so verschnallt sein, dass dem Pferd die Möglichkeit der Balance gegeben bleibt und sie nicht in eine starre, unflexible Krampfhaltung gezurrt werden. In jedem Fall muss das Pferd die Möglichkeit haben, die Nase vor der Senkrechten zu tragen. Der häufige Einsatz von Hilfszügeln ist ein Kompromiss – zur Unterstützung des Schülers und zum Schutz des Pferderückens.

Das Ziel im Auge behalten

Das Reiten eines Pferdes in korrekter Dehnungshaltung, die Voraussetzung für einen tragfähigen und unverspannten, schwingenden Rücken ist, muss für jeden Reiter das wichtigste Ziel seiner Ausbildung sein.

Nur dann kann er ein Pferd auf Dauer gesunderhalten und Leichtrittigkeit erwarten.

🔽 *Dreieckszügel*

Ausbinder & Co

Ein häufig eingesetzter Hilfszügel ist das Ringmartingal, das im Springsport sinnvoll, im Anfänger- oder Dressurunterricht aber wenig hilfreich ist.

Ausbinder bilden eine weitgehend starre Verbindung zwischen Gurtstrupfen und Gebiss. Sie müssen so lang eingeschnallt werden, dass dem Pferd die Dehnungshaltung möglich ist. Ausbinder werden auch häufig in der Longenarbeit eingesetzt und können in einen Kappzaum, aber auch in die Trense eingeschnallt werden.

Mehr Bewegungsfreiheit haben Pferde mit Dreieckszügeln, Halsverlängerern und Chambon. Die beiden Letztgenannten

🔼 *Die Ausbinder werden am Sattelgurt befestigt und führen von dort zum Gebissring.*

🔼 *Das Ringmartingal hat seinen Namen von den Ringen, durch die die Zügel gezogen werden.*

wirken zusätzlich auf das empfindliche Genick des Pferdes. Die sorgfältige Auswahl des richtigen Hilfszügels und ihr sachgemäßer Einsatz liegen immer in der Hand eines qualifizierten Ausbilders. Schlaufzügel dienen nur in Ausnahmefällen der Korrektur sehr problematischer Pferde durch Profis, die im Unterricht nichts verloren haben sollten. In den Händen von Reitanfängern sind sie ein Fall für den Tierschutz!

Schutz für die Beine

Den Pferdebeinen gilt besonderer Schutz und Aufmerksamkeit. Sind sie erst verschlissen oder verletzt, ist das Pferd oft unreitbar. Die Beine tragen das Gewicht

Gamaschen gibt es aus unterschiedlichen Materialien und sollen das Pferdebein vor Verletzungen schützen.

Springglocken

des Pferdes und das des Reiters. Pferdehals und -rücken, die das Reitergewicht tragen, sind über einen ausgeklügelten Muskel-, Sehnen und Bandapparat mit den Beinen verbunden. Klemmt es oben, kommt es auch in den Beinen früher oder später zu Problemen. Auch Stellungsfehler können zum Verschleiß von Gelenken führen.

Gamaschen drauf

Am empfindlichsten sind das Röhrbein, der Fesselkopf, der Kronensaum und der Ballen. Das sind die Teile, die nicht von schützenden Muskeln umgeben sind. Im Alltag schützen Gamaschen das Röhrbein und den Fesselkopf. Bei manchen Pferden mit ungünstiger Bewegungsmechanik reichen auch Streichkappen an der Innenseite des Fesselkopfes. Gamaschen und Streichkappen bestehen meist aus pflegeleichtem Neopren und Kunststoffverstärkungen an den Innenseiten. Diese Schutzvorrichtungen können auch Anfänger durch die komfortablen Klettverschlüsse relativ schnell selbständig anlegen.

Schutz gegen Ballentritte

Ballentritte sind für Pferde sehr schmerzhafte Verletzungen, oft verbunden mit Infektionen durch Schmutz und Bakterien, die sich in den Gelenken des Hufes festsetzen. Sie entstehen leicht in der Landephase eines Sprungs oder bei unbalancierten und häufig sehr schiefen Pferden im Trab, Tölt oder Pass. Vor Ballentritten schützen Glocken aus Gummi oder Neopren und sogenannte Scalper. Ballenboots und Glocken aus schwerem Material dienen bei Gangpferden neben dem Ballenschutz auch der Beeinflussung der Gangmechanik – für einen taktsicheren und ausdrucksstarken Tölt.

Schutz und schöne Beine

Bandagen schützen Beine wirkungsvoll vor Streif- und Schlagverletzungen. Ihre „Montage" benötigt allerdings Übung, denn falsch angelegt, können Sie mehr schaden als nutzen. Die meisten Bandagen sind aus elastischem Strickgewebe, das einigerma-ßen schmutzempfindlich ist und deshalb regelmäßig gewaschen und ordentlich aufgerollt werden sollte. Beginnen Sie mit dem Bandagieren der Röhrbeine unterhalb des Karpalgelenks an den Vorderbeinen oder dem Sprunggelenk an den Hinterbeinen. Bandagiert wird bis über den Fesselkopf. Die ordentlich aufgerollte Bandage hat eine leichte Vorspannung, die Sie beim Wickeln keinesfalls erhöhen dürfen. Andernfalls entstehen Druckstellen und Einschnürungen, die zu Gewebeschäden durch Durchblutungsstörungen an den Beinen führen können. Besser ist die Verwendung einer polsternden Unterlage, die faltenfrei unter der Bandage platziert wird. Die Bandage wickeln Sie gleichmäßig und faltenfrei ab. Das Ende fixieren Sie mit dem Klettverschluss, der für einen sicheren Halt frei von Haaren und Schmutz sein muss. Je nach Material können Bandagen ihre Spannung bei Nässe verändern. Das sollten sie individuell berücksichtigen. Zu lockere Bandagen können sich beim Reiten lösen und zur Stolperfalle werden.

Am Anfang nicht zu stramm mit dem Wickeln beginnen.

Gleichmäßig die leicht vorgespannte Bandage weiterwickeln.

Falten glatt streichen

*Eine zweite Lage mit gleichmäßiger Spannung darüber wickeln …
… und mit dem Klettverschluss fixieren*

Bis ins hohe Alter
Natürlich gesund

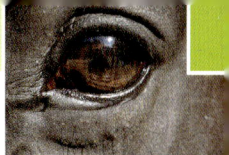

So bleibt das Pferd leistungsfähig und gesund

Pferde können uns nur schwer mitteilen, wenn ihnen etwas fehlt. So hängt das Wohlbefinden der Tiere von der Beobachtungsgabe ihrer betreuenden Menschen ab. Sie erkennen an körperlichen Veränderungen oder einem veränderten Verhalten, ob ein Pferd krank oder unglücklich ist.

Das gesunde Pferd

Pferde geben sich weitgehend stumm, aber keinesfalls sprachlos, wenn es um ihre Gesundheit und ihr Wohlbefinden geht. Ein seelisch ausgeglichenes und körperlich leistungsfähiges Pferd lässt sich im täglichen Umgang gut von einem kränkelnden Artgenossen unterscheiden. Qualifizierte Betreuer und Besitzer mit einem wachen, für die Bedürfnisse des Pferdes offenen Blick, schätzen den Zustand ihres Tieres gut ein und können sofort nach möglichen Krankheitsursachen suchen. Neben kleineren und größeren Verletzungen durch Unfälle leiden heute viele Pferde an Wohlstandskrankheiten. Wild lebende Artgenossen legen weltweit auf kargen Futterflächen täglich viele Kilometer auf Nahrungssuche zurück und trotzen Kälte, Hitze, Wind und Stürmen. Sport- und Freizeitpferde verbringen heute dagegen viel Zeit auf kleinster Fläche in einer reizarmen Umgebung, ohne den wichtigen Kontakt zu Artgenossen, doch versorgt mit hochwertigem und inhaltsreichem Futter. Erkrankungen durch Über- oder Unterforderung in Phasen der Bewegung oder Stress spielen eine zunehmende Rolle bei

⬆ *Freie Bewegung auf einer Koppel ist für die Pferdegesundheit äußerst wichtig.*

Glänzende Augen und wacher Blick. Das Pferd fühlt sich rundum wohl.

der Arbeit von Tierärzten. Erkrankungen des Verdauungssystems, des Bewegungsapparates und des Stoffwechsels sind die Folge von gut gemeinten luxuriösen, aber im Sinne der Pferdenatur mangelhaften Haltungsbedingungen.

Tägliche Gesundheitskontrolle

Wer sich täglich intensiv mit seinem Pferd beschäftigt, dem fällt es leicht zu erkennen, ob sich ein Pferd wohlfühlt oder eine Krankheit im Busch ist. Neben dem täglichen Füttern und Reinigen des Stalls gibt es weitere Betreuungsmaßnahmen, die in regelmäßigen Intervallen erfolgen müssen, damit das Pferd gesund bleibt. Der Hufschmied kommt regelmäßig alle sechs bis acht Wochen. Beim Ausschneiden der Hufe korrigiert er die Stellung und beschlägt neu. Die Pflegeintervalle von Barhufgängern durch Hufpfleger oder Huforthopäden sind noch enger. Wenigstens einmal im Jahr sollte der Tierarzt dem Pferd ins Maul schauen und die Zähne nach Bedarf korrigieren. Durch zu weiches Futter nutzen die Backenzähne

sich ungleich ab und bilden an der Außenkante mit der Zeit scharfe Überstände, die die Mundschleimhaut verletzen. Anzeichen für eine notwendige Zahnbehandlung sind das starke Einspeicheln des Futters, Röllchen aus Gras und Heu, die das Pferd wieder herausspuckt, und meist auch Maul- und Rittigkeitsprobleme unter dem Sattel. Bei Pferden bis zum fünften Lebensjahr ist die Kontrolle zweimal jährlich notwendig. Der Tierarzt sieht, ob der Zahnwechsel abgeschlossen ist und die Zahnkappen der Milchzähne vollständig abgestoßen wurden.

Impfungen sind vorsorgende Gesundheitsbehandlungen. Der Pferdeorganismus muss sich nach einer Impfung für mehrere Tage mit ihnen auseinandersetzen und sollte in dieser Zeit weniger belastet werden. Empfohlen ist in jedem Fall ein

TIPP

So bleibt Ihr Pferd fit

Ein Pferd braucht neben gutem Futter, das über viele Stunden zur Verfügung steht, vor allem reichlich Bewegung und die Möglichkeit, sich mit Artgenossen in einer gewohnten Herde zu beschäftigen. Ein stabiler Herdenverband bietet auch in Ruhe- und Schlafzeiten für das Fluchttier Pferd ausreichend Sicherheit. Der Reiter muss das Pferd altersgemäß sorgfältig ausbilden und aufbauen. Eine passende und durchdachte Ausrüstung hilft, dass der Vierbeiner trotz reiterlicher Nutzung gesund bleibt.

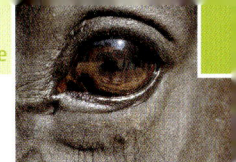

⊙ Die regelmäßige Kontrolle und Korrektur der Zähne erspart größere Eingriffe und mögliche Verdauungsstörungen.

⊙ Zum Fiebermessen wird das Digitalthermometer zur Sicherheit mit einer Wäscheklammer am Schweif befestigt.

⊙ Der Puls wird an der Innenseite der Ganaschen ertastet.

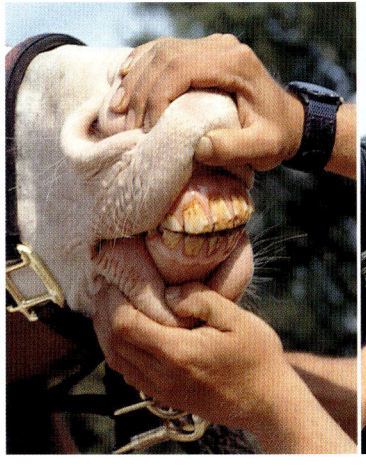

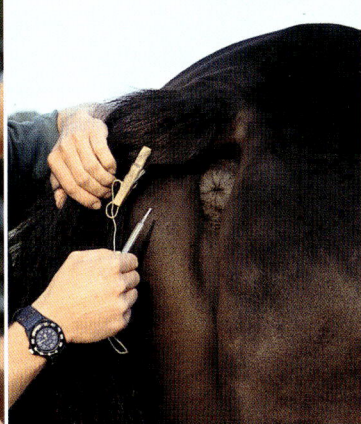

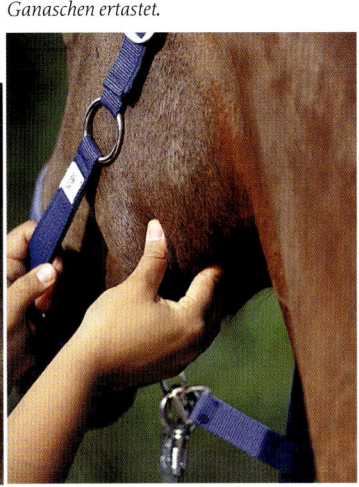

Tetanusschutz, der bei Fohlen ab dem 6. Lebensmonat erfolgen sollte. Bei Pferden, die im Offenstall leben oder regelmäßig Weidegang haben, ist ein Schutz gegen Tollwut sinnvoll. Deutschland ist zwar quasi tollwutfrei und die Ansteckungsgefahr durch Haustiere denkbar gering, doch flackern immer wieder Infektionen in Wildtierbeständen auf. Wer mit seinem Pferd Sportveranstaltungen besuchen möchte, braucht eine ausreichende Grundimmunisierung und eine regelmäßige Auffrischung der Influenza-Impfung im halbjährlichen Abstand. Einen 100 %igen Schutz gegen Husten bietet die Impfung jedoch nicht. Zuchtstuten und -hengste müssen darüber hinaus gegen Herpes geimpft sein.

Über den Umfang und die Häufigkeit von Impfungen diskutieren Pferdehalter, Tierärzte und Tierheilpraktiker kontrovers. Die Entwicklung der Impfstoffe schreitet weiter voran und so muss jeder Tierhalter in enger Absprache mit seinem Tierarzt und Tierheilpraktiker individuell entscheiden, ob und welche Impfungen er vornimmt.

CHECK

So sieht ein gesundes Pferd aus

- [ ] ausgeglichenes, freundliches und kooperatives Verhalten
- [ ] wacher Blick aus klaren Augen, aufmerksames Ohrenspiel
- [ ] regelmäßige Ruhephasen und Tiefschlaf im Liegen
- [ ] guter Appetit, die Rippen sind fühlbar, aber nicht sichtbar
- [ ] regelmäßiges Absetzen von Kot und Urin
- [ ] saubere, trockene Nüstern
- [ ] glänzendes Fell und gutes Wachstum des Langhaars, zügiger Fellwechsel
- [ ] die Beine sind trocken und klar
- [ ] entsprechend der Trainingsintensität gute, gleichmäßige Bemuskelung
- [ ] gleichmäßiges Hufwachstum, keine Rillen oder Risse
- [ ] taktreine Bewegungen und gleichmäßige Belastung aller vier Beine

Krankheiten erkennen

Im täglichen Umgang beim Füttern, Misten, Putzen und Reinigen haben Pferdebesitzer und Pferdepfleger reichlich Gelegenheit, ihre Vierbeiner gut zu beobachten. An der Körpersprache der Tiere, ihrer Aktivität und am Aussehen kann man mit offenen Augen gut erkennen, ob ein Pferd körperlich gesund und im seelischen Gleichgewicht ist.

Verhalten
- steht abseits der Herde
- vermeidet Sozialkontakte
- dreht sich in der Box weg
- reagiert verhalten auf Ansprache
- wirkt bei der Arbeit müde und unmotiviert
- Bewegungsmonotonien

Ein Infekt kann eine Ursache sein. Es erfolgt ein erster Check mit dem Fieberthermometer. 37,0 bis 38,0 °C sind normal. Haltungsbedingte Verhaltensstörungen sind in Erwägung zu ziehen.

Atemwege
- anhaltender Husten
- gelegentliches Abhusten zu Beginn der Arbeit
- einseitiger oder beidseitiger Nasenausfluss
- Nasenausfluss leicht trüb bis eitrig
- Bauchatmung mit Bildung einer „Dampfrinne"

Husten und Nasenausfluss deuten auf einen Infekt hin. Chronischer Husten kann die Folge eines verschleppten Infekts, hoher Staubbelastung oder einer Allergie sein.

Verdauung
- Koliken
- sehr trockener oder weicher Kot
- Kotwasser

So vielfältig, wie sich Koliken äußern, so viele Ursachen können sie haben: Fütterung, Stress, Verspannungen des Rückens, Darmverlagerungen, Sand im Verdauungstrakt...

Haut
- stumpfes Fell
- schuppiges Fell
- Hautjucken

Ursache für Hautprobleme können ein Mineralstoffmangel, Allergien (z. B. Sommerekzem), Pilz- oder Parasitenbefall sein. Ein Blutbild und eine mögliche Haarmineralanalyse können Aufschluss geben.

Parasiten
- Abmagerung
- Scheuern an der Schweifrübe und Mähne
- wunde Stellen in der Fesselbeuge
- Leistungsabfall
- Scheuerstellen im Fell

Verschiedene Würmer, Dasseln, Haarlinge, Herbstgrasmilben oder Pilz können Ursache sein. Bei unklaren Symptomen auch an Borreliose denken.

Bewegungsapparat
- Lahmheiten
- Schwellungen
- warme Gelenke
- Gallen
- Entlastung von Gliedmaßen

Muskelverspannungen, Verletzungen an Sehnen und Gelenken, Hufabszesse oder Hufrehe (bei deutlicher Entlastung der Vorderbeine).

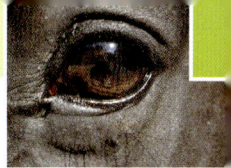

🔻 *Einmal jährlich sollte gegen Bandwürmer, im November auch gegen Magendasseln behandelt werden.*

Die häufigsten Krankheiten

Kolik

Unter Kolik versteht der Tierarzt jede Form von Bauchschmerzen. Die Ursachen sind vielfältig: Neben Verdauungsstörungen im Darm wie Verstopfung oder Aufgasen von schlechtem Futter können auch Magenschleimhautentzündungen, Magenüberladung oder Darmausstülpungen und -verlagerungen zu Koliken führen. Ursache kann aber auch eine Störung von anderen Organen sein. Außerdem können sich Verspannungen des Rückens und Stress in einer Kolik äußern. Die Pferde zeigen eine große Unruhe, schwitzen, stampfen mit dem Fuß auf den Boden oder treten gegen den Bauch. Sie sehen sich häufig nach dem Bauch um, liegen viel oder stehen im schnellen Wechsel auf um sich sogleich wieder abzulegen. Eine Kolik ist immer ein Notfall, der lebensbedrohlich werden kann! Koliken lassen sich durch eine sinnvolle und tiergerechte Fütterung und Haltung häufig vermeiden.

Wurmbefall

Alle Pferde, vor allem aber Weidetiere, sind Wurmbefall ausgesetzt. Einen leichten Wurmbefall verkraften erwachsene Pferde gut. Er stimuliert ihr Immunsystem. Geschwächte Pferde zeigen bei starkem Wurmbefall Krankheitszeichen wie stumpfes Fell, Leistungseinbruch, Durchfall oder Koliken. Für Fohlen ist starker Wurmbefall lebensgefährlich. Die verschiedenen Entwicklungsstadien der Würmer können neben Magen-Darmtrakt oder Lunge auch andere Organe schädigen. Die sicherste Vorbeugung ist die regelmäßige Entwurmung – am besten alle drei Monate – mit wechselnden Präparaten, außerdem saubere Boxen und sorgfältig abgeäppelte Weiden.

Husten (Bronchitis)

Heftiger Husten geht meist auf eine akute Bronchitis zurück, bei der die oberen Luftwege (Bronchien) durch eine bakterielle oder Virusinfektion entzündet sind. Unbehandelt kann daraus auch eine Lungenentzündung entstehen. Neben der Infektion können auch schimmeliges Futter oder schlechte feuchtwarme Stallluft Husten fördern. Eine akute Bronchitis ist meist mit Nasenausfluss und Fieber verbunden und sehr ansteckend. Unbehandelt führt sie zu bleibenden Schäden (Dämpfigkeit) der Atemwege und eingeschränkter Leistungsfähigkeit. Gelegentlicher oder trockener Husten kann auch durch eine Allergie verursacht werden. Der Tierarzt sollte den Grund für Husten in jedem Fall klären und behandeln.

Druse

Die Druse ist eine gefürchtete, hoch ansteckende Infektionskrankheit. Hohes Fieber, mangelnder Appetit, Nasenausfluss und im weiteren Verlauf eitrige Abszesse im Kehlgang sind vor allem für Jungpferde gefährlich. Das Pferd sollte schnell isoliert und nur von einer Person versorgt werden. Der Tierarzt behandelt mit Antibiotika und unterstützt die Reifung des Abszesses.

Lahmheiten

Unfälle, chronische Überlastung, aber auch Fehlstellungen der Gliedmaßen sowie verletzte, schwache oder überbeanspruchte Muskulatur können kurz- oder langfristig zu Lahmheiten führen. Das Pferd entlastet die betroffenen Gliedmaßen in der Ruhe. In Bewegung erkennen Pferdebesitzer eine deutliche Taktstörung – am besten zu diagnostizieren im Trab. Die Ursachen sind vielfältig: Im Bereich des

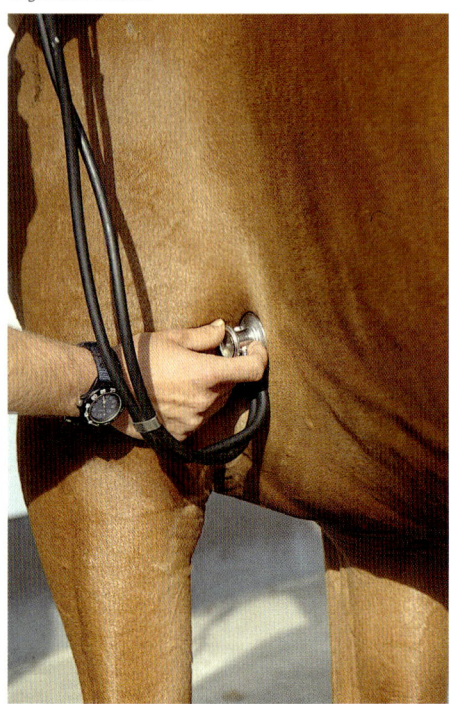

Die Ursache von Husten muss immer vom Tierarzt abgeklärt werden.

Hufes findet der Tierarzt häufig Nageltritte, Hufabszesse oder Huflederhautentzündungen. Prellungen oder Verstauchungen. Sehnenzerrungen und -anrisse führen zu starker Lahmheit sowie Schwellungen und Erwärmungen des Gewebes im betroffenen Bereich. Knochenveränderungen bei Hufrolle (Vorderbeine), Spat (Sprunggelenke) oder Arthrose bereiten Pferden besonders bei nasskaltem Wetter schmerzhafte Probleme. Durch Abtasten der Hufe mit einer Untersuchungszange, Ultraschall und Röntgen kann der Tierarzt eine genaue Diagnose stellen und neben einer medikamentösen Behandlung einen individuellen Bewegungsplan verordnen.

Hufrehe

Die Hufrehe äußert sich durch starke Schmerzen vor allem in den Vorderbeinen.

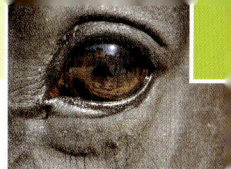

Das Pferd versucht diese durch Ausstellen zu entlasten. Ursache ist eine stoffwechselbedingte Huflederhautentzündung. Schwerwiegende Folgen im akuten Verlauf sind eine Rotation des Hufbeins, die Absenkung oder gar der Durchbruch des Hufbeins und das sogenannte Ausschuhen. Hufrehe ist ein (Not)fall für den Tierarzt. Hufrehe wird in den meisten Fällen durch einen zu hohen Zuckergehalt, allem voran Fruktan, im Futter verursacht. Es kommen jedoch auch Vergiftungen, von Medikamenten verursachte Rehen und Plazentareste beim sogenannten Nachgeburtsverhalten in Frage. Überleben Pferde eine Rehe, müssen sie zeitlebens eine strenge Diät einhalten und bei Veränderungen der Hufbeinachse mit einem speziellen, den Zehenbereich entlastenden Beschlag versorgt werden.

Wunden

Frische blutende Wunden ziehen sich Pferde immer wieder zu. Je nach Größe, Tiefe und betroffenem Körperteil sollte ein Tierarzt zur Versorgung hinzugezogen werden. Blutungen dienen auch der Reinigung! Ein steriler Schutzverband reicht meist aus, bis der Tierarzt kommt und die Wunde fachgerecht säubert. Verbände an den unbemuskelten Gliedmaßen müssen ausreichend unterpolstert werden, um Druck und Einschnürungen zu vermeiden. Stecken Fremdkörper in der Wunde, sollten diese nur von einem Tierarzt entfernt werden. Das gilt besonders für Fremdkörper in der Hufsohle. Salben und Desinfektionsmittel gehören nicht auf frische Wunden. Lediglich kleinere Schürfwunden werden mit klarem Wasser gereinigt. Wichtig ist der Schutz des Pferdes gegen Wundstarrkrampf (Tetanus).

Vergiftungen

Die Symptome für Vergiftungen sind so vielfältig wie ihre Ursachen. Im Idealfall kann der Pferdebesitzer dem Tierarzt die Vergiftungsursache benennen: Giftpflanzen, verunreinigtes Futter, Wasser oder Chemikalien. Das Pferd kann bei einer Vergiftung mit Verdauungsstörungen, starkem Speicheln, Kreislaufproblemen und Zittern, beschleunigter Atmung, Schweißausbrüchen oder mit Verhaltensänderungen reagieren. Dem Tierarzt bleibt für die Erstversorgung meist nur, die Symptome zu lindern und lebensbedrohliche Zustände zu vermeiden.

⬆ *Beim Vortraben sieht man am besten, welches Bein das Pferd schont.*

101

⭗ *Die Vielfalt an natürlichen Heilmitteln ist groß und erfordert Fachwissen, um das Pferd richtig behandeln zu können.*

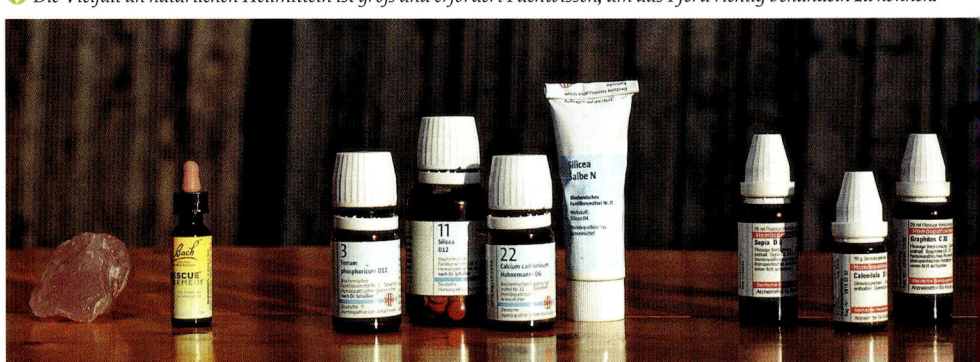

Alternative Heilmethoden

Bei akuten Verletzungen oder Erkrankungen ist immer der Tierarzt des Vertrauens der erste Ansprechpartner. Kleinere Blessuren kann der Pferdebesitzer auch selbst behandeln. Hier stehen konservative Methoden ebenso zur Verfügung wie bewährte alternative Heilmethoden. Ist der Schulmediziner mit seinem Latein doch einmal am Ende, finden gute Tierheilpraktiker manchmal noch Wege, dem Pferd Linderung oder Heilung zu verschaffen.

Phytotherapie

Kräuter gelten in der Pferdefütterung heute schon als Wunderfutter und werden von Futtermittelherstellern nach dem alten Sprichwort „Gegen jede Krankheit ist ein Kraut gewachsen" beworben. Sicher ist, dass die Pflanzenheilkunde eine der ältesten medizinischen Therapieformen ist. In der Phytotherapie werden grundsätzlich ganze Pflanzen oder Pflanzenteile verwen-

det. Sie kommen frisch, getrocknet, vermahlen oder als Aufguss unter das Futter.

Homöopathie

In der Homöopathie gilt das Prinzip Ähnliches mit Ähnlichem zu heilen. Der Patient erhält ein Arzneimittel in geringer Dosis, das bei hoher Dosierung die gleichen Symptome wie die augenscheinliche Erkrankung hervorrufen würde. Alle Symptome zusammen ergeben das „Arzneimittelbild". Der Therapeut, zumeist ein Tierheilpraktiker, findet das richtige Mittel durch genaue Diagnose des Krankheitsbildes. Aus den Ausgangsstoffen der homöopathischen Arzneimittel – Pflanzen, Mineralien und organischen Bestandteilen – wird die Urtinktur hergestellt, die anschließend verdünnt und verschüttelt wird. Dies ergibt die Potenzierung. Die Potenzen regen die Selbstheilungskräfte des Organismus an.

Bach-Blüten

Die immer beliebter werdende Bach-Blütentherapie hat der englische Arzt Dr. Edward Bach (1886 – 1936) begründet. Nach seiner These ist jede körperliche Erkrankung die Folge eines seelischen

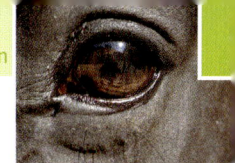

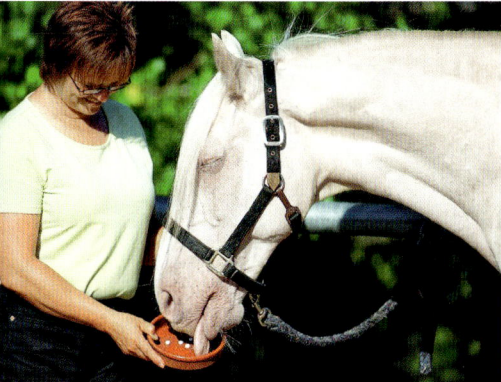

Homöopathische Tabletten werden auf Zuckerbasis hergestellt und deshalb von Pferden gerne genommen.

Ungleichgewichts. Den 38 disharmonischen Seelenzuständen ordnete er 37 Blütenessenzen und eine Essenz aus Felsquellwasser zu. Das bekannteste Medikament der Bach-Blütentherapie sind die sogenannten Notfalltropfen (rescue remedy), die im „Notfall" helfen sollen, Schockzustände zu mindern. Bei Bach-Blüten sind keine Nebenwirkungen zu erwarten.

Blutegel

Blutegel werden bereits seit Jahrhunderten in der Medizin eingesetzt. Die Ringelwürmer sondern über ihren Speichel rund 20 verschiedene Substanzen in die schmerzfreie Bisswunde ab. Die wichtigsten Wirkstoffe sind Hiruduin und Calin. Mit der entzündungshemmenden und

schmerzlindernden Wirkung von Eglin ergibt sich die wichtigste Heilwirkung des Blutegels. Die Blutsauger werden von Tierheilpraktikern gerne und erfolgreich bei Arthrose, Spat, Hufrolle und Hufrehe eingesetzt.

Akupunktur

Die Akupunktur ist ein Teilgebiet der Traditionellen Chinesischen Medizin (TCM). Diese unterteilt den Körper in sogenannte Funktionskreise. Auf diesen Meridianen sitzen die Akupunkturpunkte, auf denen die Nadeln gesetzt werden. Mit ihnen soll das Qi, die Lebensenergie, in Fluss gebracht werden.

Chiropraktik

Bei der Chiropraktik setzt der Therapeut spezielle Handgriffe ein, um Gelenke vor allem im Bereich der Wirbelsäule, aber auch der Muskulatur zu mobilisieren. Diese Behandlungsmethode wurde bereits vor über 200 Jahren in Ägypten und Griechenland angewandt. Die moderne Therapieform geht auf den Amerikaner Daniel David Palmer (1845–1913) zurück.

Auch äußerlich können naturheilkundliche Präparate gute Wirkung zeigen.

Osteopathie

Die Osteopathie ist eine manuelle Diagnose- und Behandlungsmethode, die auf den amerikanischen Arzt Andrew Taylor Still (1828–1917) zurückzuführen ist. Nach ihm können Störungen des Bewegungsapparates auch Symptome an anderen Organen auslösen, die durch die sogenannten Faszien mit dem Skelett verbunden sind. Der geschulte Therapeut kann die Grundspannung der Muskulatur mit Hilfe seiner Hände feststellen und gestörte Funktionen aufspüren. Mit speziellen Grifftechniken löst er Blockaden.

Erste Hilfe für den Notfall

Hat sich das Pferd verletzt, sieht es krank aus oder hat es gar eine Kolik, dann ist das Wichtigste, dass die Menschen, die es kennt und denen es vertraut, ruhig bleiben. Vor dem Anruf beim Tierarzt sollte der Pferdebesitzer die Punkte des Gesundheitschecks (Kasten) selbst klären. Das hilft dem Tierarzt, die Dringlichkeit richtig einzuschätzen und Empfehlungen für weitere Erste-Hilfe-Maßnahmen zu geben. Wichtig bei Verletzungen oder Lahmheiten ist die Beschreibung der Lage mit den richtigen Begriffen des Exterieurs.

Gute Erziehung ist die Voraussetzung für gefahrlose Untersuchungen, denn leicht geraten Helfer bei einem panischen Pferd selbst in Gefahr getreten, gebissen oder umgerannt zu werden. Für das Pferd kann es eine Frage des Überlebens sein, ob es auch unter Stress, ohne zu zögern, in den Hänger einsteigt. Für Untersuchungen soll es in heimischer Umgebung ebenso wie in der Tierklinik willig alle vier Hufe hergeben und Berührungen am ganzen Körper zulassen. Für die Übung dieser Situationen sollten sich Pferdebesitzer auch im gesunden Alltag immer wieder Zeit nehmen.

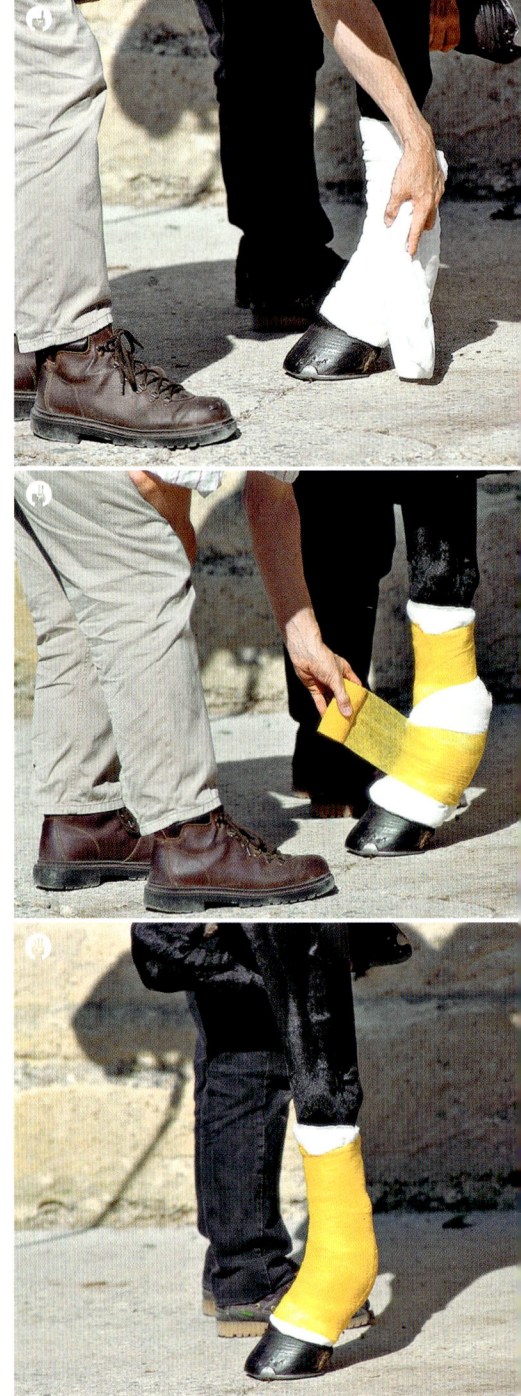

Schwere Verletzungen an den unbemuskelten Beinen immer über einer sterilen Wundabdeckung dick polstern, damit keine Druckstellen oder Durchblutungsstörungen entstehen.

Die Polsterwatte mit einer Baumwollbinde fixieren und mit einer selbsthaftenden Bandage ...

... das Ganze sauber umwickeln.

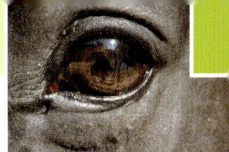

CHECK
Gesundheit

Verhalten

Zeigt das Pferd normale Aktivität und arbeitet frisch und motiviert mit oder wirkt es erschöpft und schwitzt schnell?
Ist das Pferd unruhig und nervös? Ruht und schläft es zu den gewohnten Zeiten?
Ist der Appetit normal? Trinkt es ausreichend?
Setzt es regelmäßig Kot und Urin ab? Sehen diese normal aus?

Erscheinungsbild

Ist das Fell glänzend, die Augen klar, die Nüstern sauber und trocken

PAT-Werte

Sind die Werte für Puls, Atmung und Temperatur normal?
Den Puls fühlt man am Unterkiefer oder am Fesselkopf 15 Sekunden lang und multipliziert den Wert mit vier. Normal sind 28 bis 40 Schläge pro Minute.
Die Atemfrequenz zählt man durch beobachten der Nüstern oder der Flankenbewegung. 15 Sekunden zählen und den Wert mit vier multiplizieren. Normal sind 8 bis 16 Atemzüge pro Minute.
Die Temperatur misst man mit einem Digitalthermometer, an das ein Bändel mit Wäscheklammer befestigt ist. Diese kann man ins Schweifhaar klemmen, damit das Thermometer nicht versehentlich in den After hineinrutscht. Normal sind 37,0 bis 38,0°C.

Lahmheiten

Besteht der Verdacht auf eine Lahmheit, dann sieht man sich das Pferd im Schritt und Trab an. Entlastet das Pferd im Stehen und lahmt deutlich im Schritt, vermeidet man jede weitere Bewegung bis zur Klärung durch den Tierarzt. Zur Untersuchung von Gelenken (Schwellung, Erwärmung) und Sehnen (Schwellung, Strukturveränderungen) hebt man das gleichseitige gesunde Bein auf.

Wenn das Pferd alt wird

Der Lebenszyklus von Pferden ist bei einer Lebenserwartung von 25 bis 30 Jahren bei großen Rassen und bis weit über dreißig Jahren bei Ponys deutlich kürzer als der des Menschen. Mit vier bis fünf Jahren kommt das Pferd „in die Ausbildung". Zwischen dem zehnten und sechzehnten Lebensjahr sind sorgfältig und schonend aufgebaute Pferde auf dem Höhepunkt ihrer sportlichen Leistungsfähigkeit. Manche Pferde, vor allem aber Ponys, haben bis weit über das zwanzigste Lebensjahr Spaß an flotten Ritten.

Zipperlein beim alten Pferd

Wie ältere Menschen plagen jedoch auch betagte Pferde zunehmend gesundheitliche Probleme. Meist sind es Einschränkungen des Bewegungsapparates wie Arthrose,

Spat, Hufrolle oder Stoffwechselerkrankungen. Cushing ist ein Funktionsdefekt der Hirnanhangdrüse, bei dem das Pferd ohne medikamentöse Hilfe des Menschen oder durch Scheren den Fellwechsel nicht mehr alleine bewältigt. Gleichzeitig findet ein Muskelabbau statt. Dazu können Probleme des Herz-Kreislauf-Systems, Zahnprobleme, Verdauungsprobleme, Erkrankungen der Luftwege und Stoffwechselstörungen kommen. Pferde kommen je nach Haltungsbedingungen und Nutzungsintensität zu ganz unterschiedlichen Zeitpunkten „in die Jahre". Ein verheizter Sportcrack tritt möglicherweise unfallbedingt mit 14 Jahren oder schon früher den Ruhestand an. Ein sorgfältig ausgebildetes und unter optimalen Bedingungen gehaltenes Schulpferd kann manchmal bis Ende zwanzig Freude an seiner Arbeit haben.

Das alte Pferd wirkt am Ende seiner aktiven Laufbahn häufig steif, müde und ist wetterfühlig. Nur selten zeigt es sich unwillig und erduldet die Forderungen seines Reiters brav. Pferdefreunde haben deshalb eine besondere Verantwortung für ihre Tiere und sollten den Zeitpunkt für den verdienten Ruhestand nicht zu spät wählen. Hier hilft es, den pferdekundigen Freundeskreis, Stallkollegen, Reitlehrer und den betreuenden Tierarzt immer wieder um eine Einschätzung des Tieres zu bitten. Im täglichen Umgang und durch die emotionale Verbundenheit mit dem vierbeinigen Partner läuft der Mensch Gefahr, Veränderungen erst spät zu erkennen.

Alte und verletzte Pferde, die nicht mehr reitbar sind, verdienen aus Dank für ihre treuen Dienste durchaus noch ein paar schöne Jahre. Bewegungsarme Boxenhaltung ist jedoch Gift für die Oldies. Sie gehö-

Ältere Pferde, v. a. Ponys nicht einfach auf eine Wiese stellen – auch sie brauchen Beschäftigung und schonende Bewegung.

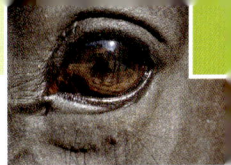

ren – sofern sie im Laufe ihres Lebens ein pferdetypisches Sozialverhalten erwerben durften – am besten in einen Gruppenlaufstall mit viel Weidegang und reichlich Bewegung an der frischen Luft. Tägliche Kontrollen und das bedarfsgerechte Zufüttern vor allem in der kalten Jahreszeit, wenn ältere Pferde gerne an Körpermasse verlieren, sind ein Muss. Sie brauchen ein hochwertiges Mineralfutter, angepasste Kraftfuttergaben und bei Zahnproblemen zusätzliche Mahlzeiten ohne Konkurrenzdruck durch Artgenossen. Die regelmäßige Kontrolle der Zähne und des gesamten Gesundheitszustands durch den Tierarzt ist selbstverständlich. Ein Hufschmied sorgt für fachgerechte Pflege der Hufe der häufig von altersbedingten Schmerzen im Bewegungsapparat geplagten Vierbeiner. Alte Pferde finden neben Gnadenbrothöfen manchmal auch noch schöne Aufgaben in

einer altersgemischten Pferdeherde: Sie erziehen Fohlen und Jungpferde. Manche Wallache betreiben bis ins hohe Alter Kampfspiele. Das hält beweglich und fit. Stuten betütteln und erziehen Absetzer und entlasten die Mütter in Fohlenherden.

Der letzte Weg

Der Mensch muss häufig vor der Natur entscheiden, wann der richtige Todeszeitpunkt für das Tier gekommen ist, weil eine schlechte Konstitution, Probleme bei der Nahrungsaufnahme, akute Erkrankungen oder Schmerzen ihm keine andere Wahl lassen. Das Pferd kann dann in der gewohnten Umgebung im Stall oder idealerweise auf einer für den Abdecker gut erreichbaren Weide eingeschläfert werden. Viele Pferdehalter begleiten ihre Tiere auf diesem letzten Weg. Alternativ kann ein transportfähiges Pferd auch vom Metzger durch Bolzenschuss getötet werden. Beide Tötungsarten sind, wenn sie von Tierärzten und Metzgern sorgfältig durchgeführt werden, schnell und schmerzfrei. Der Abschiedsschmerz bleibt dem langjährigen zweibeinigen Begleiter trotzdem. Manche Pferdehalter geben dem Tod ihrer Tiere einen Sinn und spenden sie Tierparks zur Verfütterung. Andere suchen Trost in der noch seltenen und sehr kostspieligen Einäscherung. Eine Verwertung zu Pferdefleisch kommt beim alten Pferd kaum in Frage. Seit Einführung der Equidenpässe und der unwiderruflichen Erklärung des Halters, das Tier nicht zur Gewinnung von Lebensmitteln zuzulassen, ist die Zahl der möglichen Schlachtpferde deutlich zurückgegangen. Zu Lebzeiten ermöglicht diese Erklärung eine deutlich vereinfachte Verordnung und Verabreichung von Medikamenten.

Spaziergänge an der Hand oder Bodenarbeit halten ältere Pferde fit.

Ein Pferd kaufen
Die Qual der Wahl

Endlich ein eigenes Pferd

Wer sich zum Pferdekauf entschließt, erfüllt sich meist einen langgehegten Wunsch. Neben der ersehnten Unabhängigkeit in vielen Entscheidungen rund um das Pferd kommen auf den frisch gebackenen Pferdebesitzer aber auch viele Verpflichtungen und Aufgaben zu. Enttäuschungen vermeidet, wer sich vorher gründlich informiert.

Vorher bedenken

Wer den Pferdekauf beschließt, hat sich vorher viele Gedanken gemacht: Neben der Frage nach Rasse und Geschlecht sind wichtige Entscheidungskriterien auch das Alter, der Ausbildungsstand und was das neue Familienmitglied kosten darf. Ein Pferd ist schnell gekauft und oft zum Schnäppchenpreis zu haben. Die Erfahrung haben schon viele gemacht – mit einem Mitleidskauf auf einem Pferdemarkt, im Urlaub auf dem Reiterhof oder dem netten Tier aus der Nachbarschaft, das endlich gerettet werden will. Die Anschaffung macht meist den kleinsten Teil der Kosten aus. Was folgt, ist der regelmäßige Unterhalt, regelmäßige und unvorhersehbare Ausgaben beim Tierarzt, Kosten für die weitere Ausbildung von Reiter und Pferd, die mit dem Kauf des ersten Pferdes erst richtig erforderlich werden. Auch auf eine gute und passende Ausrüstung hat der vierbeinige Partner einen Anspruch – egal wie günstig er selbst war.

Neben dem finanziellen Aufwand der Pferdehaltung, der sich in einem gewissen Rahmen durch viel Eigenleistung und Verzicht auf Luxus in der Haltung auf ein Mindestmaß reduzieren lässt, kommt der Faktor Zeit. Pferde brauchen je nach Haltungs-

↑ *Anatomische Grundkenntnisse sind nützlich, will man ein Pferd beurteilen.*

CHECK

Das kostet mich ein Pferd

- Einmalige Kosten

- Kaufpreis

- Ankaufsuntersuchung

- Transport in den Heimatstall

- Erstausrüstung – Sattel, Trense, Halfter mit Strick, Decke, Putzzeug, Futtereimer

- Regelmäßige Kosten

- Stallmiete (monatlich)

- Zusatzfutter (monatlich)

- Hufpflege (mehrmals jährlich)

- Tierarzt für Wurmkuren und Impfungen (mehrmals jährlich)

- Tierarzt – regelmäßige Rücklagen für Krankheit oder Operation

- Haftpflichtversicherung (jährlich)

- Mitgliedsbeitrag für den Reitverein – notwendig für den Besuch offiziell ausgeschriebener Veranstaltungen (jährlich)

- Reitstunden oder Beritt (nach Aufwand)

Ja zum Pferd

Die Entscheidung zum eigenen Pferd ist gefallen. Prima! Vor der Suche sollte der Reiter kritisch die eigenen Fähigkeiten beurteilen. Davon hängt ab, was ein Pferd können muss. Ein relativ unerfahrener Reiter sollte sich besser nach einem älteren, gut ausgebildeten Tier umsehen. Ein sicherer und erfahrener Reiter wird eine Herausforderung in der Ausbildung eines jungen Pferdes sehen. Hat man sich nicht bereits hoffnungslos in einen Vierbeiner verliebt, heißt es nun Geduld zu haben und in Ruhe zu suchen. Die wichtigsten Regeln für den Pferdekauf:

- Die Chemie muss stimmen. Wem ein Pferd nicht auf Anhieb sympathisch ist, den wird es einen auch später kaum emotional gewinnen.

- Ein gutes Pferd hat keine Farbe. Die Fixierung auf das spezielle Aussehen eines Pferdes oder das Geschlecht macht viele Käufer blind für die wirklich wichtigen Eigenschaften eines Pferde, den Charakter, die Erziehung und Ausbildung, aber auch die Reiteigenschaften.

- Glauben Sie nur das, was sie selbst sehen und beim Proberitt spüren. Der Verkäu-

form mehrmals in der Woche oder gar täglich Bewegung. Dies kostet viel Zeit, auf die der Vierbeiner einen Anspruch hat. Lassen Beruf, Familie und Partner das auch über viele Jahre zu, ist der Weg frei für die Anschaffung eines eigenen Pferdes. Wer kaum öfter als zwei- oder dreimal wöchentlich Zeit zum Reiten findet, sollte sich lieber nach einer Reitbeteiligung umsehen. Schnell wird sonst in stressigen Phasen die Lust aufs Pferd zum großen Frust, denn man wird weder sich noch dem Vierbeiner gerecht.

↑ *Das neue Pferd muss auch im Umgang sympathisch sein.*

Im Equidenpass sind alle Abzeichen und Fell-wirbel eingezeichnet.

fer wird ein Pferd immer in den höchsten Tönen loben. Fehlt die Pferdeerfahrung, ist es ratsam, einen erfahrenen Reiter seines Vertrauens mitzunehmen.

- Es werden grundsätzlich nur gut ausgebildete, schmiede- und verladefromme, kinderfreundliche, anfängergeeignete und gesunde Pferde verkauft. Außerdem haben alle Verkäufer noch eine ganze Reihe andere Interessenten im Hintergrund, die sich um das Pferd reißen … Lassen Sie sich mit der Kaufentscheidung nicht unter Druck setzen. Mehrere Proberitte und unangemeldete Besuche beim Pferd der Wahl ergeben ein realistisches Bild. Ein seriöser Verkäufer ist bemüht, einen passenden Besitzer für sein Pferd zu finden.

- Wer auf die Ankaufsuntersuchung (AKU) verzichtet, hat selten gespart. Nur bei sehr günstigen Pferden im Bereich des Schlachtpreises oder sehr jungen Pferden steht das Risiko im Verhältnis zu den Kosten der „AKU".

Die Ankaufsuntersuchung

Bei der Ankaufsuntersuchung checkt der Tierarzt den aktuellen Gesundheitszustand des Pferdes und sucht nach gesundheitlichen Mängeln oder Hinweisen auf schwere Erkrankungen in der Vergangenheit. Wichtiger Bestandteil ist die Untersuchung des Bewegungsapparates. Ratsam sind Röntgenbilder der Beine und des Rückens, um vor bösen Überraschungen verschont zu bleiben. Ein großes Blutbild gibt Hinweise auf schlampige Parasitenprophylaxe oder versteckte Stoffwechselstörungen. Wer sicher gehen will, dass er kein Pferd mit Sommerekzem kaufen will, minimiert das Risiko, wenn er sich im Sommer auf die Pferdesuche begibt.

Die AKU ist ein Bestandteil des Kaufvertrags, auf den sich Käufer und Verkäufer im Vorfeld einigen. Sie hat zur Folge, dass ein Pferdekaufvertrag im Juristendeutsch „schwebend unwirksam" ist und eine Aufschiebung oder Aufhebung des Vollzugs möglich ist, solange das Urteil „gesund" vom Tierarzt aussteht. Üblich ist, dass der Käufer die – recht kostspielige – Untersuchung zahlt, wenn das Pferd gesund ist. Ist das Pferd nicht in Ordnung, übernimmt der Verkäufer die Kosten der AKU. Über diese Regelung sollten sich beide Parteien im Vorfeld einigen. Der Käufer wählt im Normalfall den Tierarzt seines Vertrauens. Das Pferdeverkaufsrecht räumt dem Käufer beim Erweb des erträumten Vierbeiners bei einem gewerblichen Käufer viele Vorzüge ein. Trotzdem ist Vorsicht geboten, denn oft verliert man trotz des zweijährigen Rückgaberechts, wenn die angepriesenen Eigenschaften nicht vorhanden sind, viel Geld in Rechtsstreitigkeiten und Beweisführungen. Beim Kauf eines Pferdes von Privatleuten gilt dagegen „gekauft wie gesehen, Probe geritten und in der AKU bestanden".

Pferde kosten …

➜
*Bis der Reiternach-
wuchs aufs Pferd
steigt, muss der
Vierbeiner mangels
Zeit öfter zurück-
stecken.*

… nicht nur ganz ordentlich Geld, sondern auch eine Menge Zeit (und manchmal auch Nerven). Dies sollte vor der Anschaffung eines eigenen Vierbeiners auch berücksichtigt sein. Ebenso, dass sich in den folgenden Jahren oder gar Jahrzehnten im persönlichen Umfeld Veränderungen ergeben können: Jobwechsel, ein neuer Partner oder Kinder bringen neue Herausforderungen, um knappere Zeitressourcen oder finanzielle Einschränkungen zu managen. In diesen Phasen sollte das vierbeinige Familienmitglied so gehalten werden, dass tägliches Reiten nicht nötig ist und ein Pferd auch bei längeren Sportpausen seinen natürlichen Bedürfnisse befriedigen kann. Ein Laufstall mit viel Weidegang und netten Stallkollegen und Stallvermietern, Pflegekinder oder eine Reitbeteiligung, auf die man sich im Notfall auch verlassen kann, sind Gold wert.

Das Pferd zum Pflegen, Schmusen und Reiten

Pferdebesitzer und Reitschulen vertrauen fortgeschrittenen Reitschülern gerne ein Pflegepferd an, um das diese sich relativ selbständig kümmern dürfen. Das ist eine prima Lösung für Pferdebesitzer mit knappem Zeitbudget. Kindern oder Jugendlichen, die sowieso noch nicht alleine draußen reiten sollten, vermittelt es viel Gefühl vom eigenen Pferd. Nur die wenigsten bekommen schließlich ein eigenes Pferd – nicht nur wegen der Kosten, sondern weil sich bei den Nachwuchsreitern auch die Interessen immer wieder ändern. So steht mit der Zeit kein teurer Vierbeiner unterfordert im Stall. Gleichzeitig lernen Kinder und Jugendliche Pflichten für ein Tier zu übernehmen und welcher Aufwand für die Haltung des geliebten Vierbeiners nötig ist. Die Pferde sind dankbar für zusätzliche

Schmuseeinheiten, den regelmäßigen Gang auf die Koppel oder zum Spazierengehen. Besitzer und Pfleger vereinbaren genau, welche Freiheiten und welche Pflichten der Betreuer hat. Klare Abmachungen zwischen Pferdebesitzer und den Eltern sorgen für klare Verhältnisse und ersparen Ärger und Enttäuschung auf beiden Seiten.

Ein Gefühl von Unabhängigkeit

Die Reitbeteiligung an einem Pferd ist ideal für fortgeschrittene Reiter, die mehr Freiheiten suchen, ohne sich ein eigenes Pferd anzuschaffen. Sie ergänzen ideal Pferdebesitzer mit wenig Zeit oder einem kleinen Geldbeutel. Gegen Kostenbeteiligung kann die Reitbeteiligung in einem vereinbarten Umfang reiten. Eine vertrauensvolle Basis muss vorhanden sein und die Chemie nicht nur zwischen Mensch und Tier sondern auch zwischen den Menschen stimmen. Zu Fragen von Haltung, Pflege und Umgang sollten Pferdebesitzer und Reitbeteiligung auf einer Wellenlänge sein. Eine Reitweise und ähnliche reiterliche Fähigkeiten sind wichtig für das Pferd. Vorab äußern beide Seiten ihre Wünsche und Erwartungen in den Deal, vereinbaren Häufigkeit und Intensität des Reitens, Mitarbeit bei anfallenden Stallarbeiten, der Pflege der Ausrüstung, Unterrichts- und Turnierteilnahme oder wer das Pferd an den meist begehrten Wochenenden reiten darf. Das Fremdreiterrisiko sollte der Pferdebesitzer zusätzlich versichern. Die Reitbeteiligung sollte ebenfalls eine private Haftpflichtversicherung und eine Unfallversicherung haben.

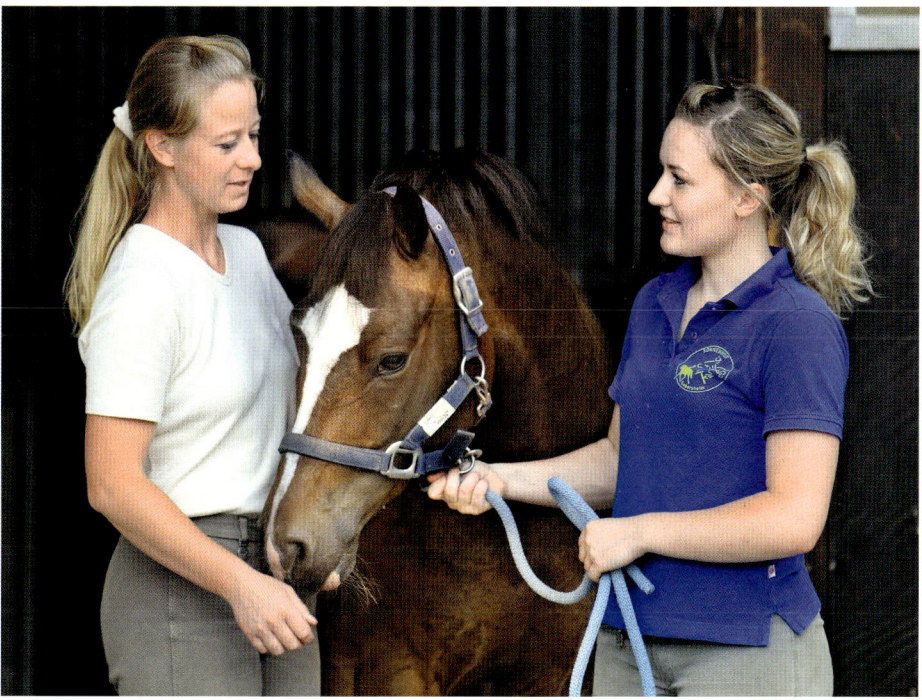

↑ *Wer sein Pferd einer Reitbeteiligung überlässt, will sich verlassen können.*

Unterwegs mit Pferden

Wanderritte erfordern ein hohes Maß an körperlicher Ausdauer – von Mensch und Tier.

Es gibt zahlreiche Möglichkeiten mit und ohne eigenem Pferd aus dem Stall- oder Reitschulalltag auszubrechen und die Welt auf dem Rücken der Vierbeiner zu entdecken. In Deutschland, Österreich und der Schweiz bieten viele Pferdehöfe oder landwirtschaftliche Betriebe auch Unterkünfte für vierbeinige Urlaubsbegleiter an. Von dort aus kann man die schönsten Ferienregionen auf ausgedehnten Ausritten erkunden: Es gilt Berge zu erklimmen und auf urigen Hütten mit einem Anbindebalken davor einzukehren oder endlich den Wind in Gesicht und Mähne auf dem lange

Kleine Pferdefans fühlen sich auf dem Pferderücken wohl – wenn der Ritt nicht zu lange dauert!

erträumten Galopp am Strand von Nord- oder Ostsee zu erspüren. Auch Pferdebesitzer ohne geeignetes Zugfahrzeug und eigenen Hänger müssen auf Urlaub mit dem Pferd nicht verzichten. Zahlreiche Pferdespediteure transportieren die Vierbeiner in komfortablen LKWs ans Urlaubsziel.

Reiterferien für die Kleinen

Viele Kinder sind ganz verrückt auf Pferde, und Ferien auf einem Reiterhof sind der größte Urlaubsspaß. Sie können ab einem Alter von neun bis zehn Jahren – erst dann ist der Spaß am Reiten meist größer als das Heimweh in der fremden Umgebung – alleine zu Reiterferien fahren. Auf guten Reiterhöfen steht Reiten im Mittelpunkt. Mehrstündige Ausritte ergänzen hier guten Unterricht. Die Kinder pflegen die Pferde unter der Aufsicht gut geschulter Betreuer und müssen keine schwere Stallarbeit verrichten. Spiel, Sport und kreative Bastelprogramme ergänzen das Reitangebot. Manche Reiterhöfe bieten auch Tagesbetreuung für die kleinen Pferdefans, während die Eltern und weniger pferdebegeisterte Geschwister die Gegend erwandern, erradeln oder schwimmen gehen.

Reiterreisen für die Großen

In den vergangenen Jahren ist die Entdeckung fremder Länder vom Pferderücken aus immer beliebter geworden. Die klassischen Reiterländer wie Island, wo eine atemberaubende Natur mit Vulkanen, Gletschern und Geysiren ideal vom Pferderücken aus erkundet wird, boomt ebenso wie Cattle Tracks und Ranch-Urlaub in Kanada oder den USA. Doch auch Mittel- und Südamerika locken mit faszinierender Natur und bequemen Arbeitspferden mit Tölt. Auf dem Pferd in die abgelegensten Winkel der Erde ist eine Reittour auf kräftigen Ponys mit Nomaden durch die Mongolei. Spezielle Anbieter von Reiterreisen lassen fast keine Wünsche offen hinsichtlich der weltweit angebotenen Reiseziele. Viele Reiter entdecken auf solchen Reisen ihr Faible für eine besondere Pferderasse. Wer es jedoch näher mag, erkundet die eigene Heimat auf mehrtägigen Wanderritten. Auf dem eigenen Pferd oder einem Leihpferd bieten ausgebildete Rittführer Touren auf alten Pfaden und neuen Fernreitwegenetzen. Manche Regionen haben sich in den letzten Jahren zu einem wahren Wanderreiteldorado entwickelt und die Tourismusverbände zahlreicher Ferienregionen haben spezielle Verzeichnisse und Karten mit Wanderreitstationen, wo Mensch und Tier herzlich willkommen sind.

Warum nicht mal das Rindertreiben zu Pferd ausprobieren?

Auch eine Idee: Wellness-Urlaub mit dem eigenen Pferd.

Zum
Weiterreiten
Service

Zum Weiterlesen ...

Noch mehr Pferdebücher bei KOSMOS

Bührer-Lucke, Gisa: **Expedition Pferdekörper**
In den Tiefen des Pferdekörpers gibt es so manches Wunder zu entdecken. Die Autorin erklärt meisterhaft anschaulich die Abläufe und Funktionsweisen im gesunden Pferdekörper, zeigt aber auch, was bei typischen Erkrankungen im Pferd vor sich geht.

Metz, Gabriele: **Pferde A – Z**
Um die Fachbegriffe aus der Pferdesprache verstehen und richtig benutzen zu können, ist manchmal ein gutes Nachschlagewerk gefragt. Dieses Buch erklärt über 500 Stichworte von A bis Z, ist aufwendig bebildert und lädt ganz nebenbei auch zum Schmökern ein.

Metz, Gabriele: **So pflege ich mein Pferd**;
Die besten Tipps für Fell, Mähne, Styling. Wohlfühlpflege stärkt das Selbstvertrauen des Pferdes und sorgt für eine harmonische Beziehung zwischen Pferd und Reiter. Dieses Buch zeigt Ihnen Schritt für Schritt, worauf es beim täglichen Putzen, aber auch beim Styling für Shows und Turniere ankommt.

... und Weiterclicken

www.pferd-aktuell.de
www.reiterrevue.de
www.pegasus-fs.de
www.tteam.de
www.koppel.de

Nützliche Adressen

Deutsche Reiterliche Vereinigung (FN)
Freiherr-von-Langen-Str. 13
D – 48231 Warendorf
Tel. +49-(0)2581-63620
Fax +49-(0)2581-62144
www.fn-dokr.de

Vereinigung der Freizeitreiter und –fahrer in Deutschland (VFD)
Auf der Hohengrub 5
D – 56355 Hunzel
+49-(0)6772-9630980
+49-(0)6772-9630985
www.vfdnet.de

Bundesfachverband für Reiten und Fahren in Österreich (BFV)
Geiselbergstr. 26 – 35/Top 512
A – 1110 Wien
Tel. +43-(0)1-7499261-13
Fax +43-(0)1-7499261-91
e-mail: office@fena.at
Internet: www.fena.at

Schweizerischer Verband für Pferdesport (SVPS)
Papiermühlestr. 40 H
Postfach 726
CH – 3000 Bern 22
Tel. +41-(0)31-3354343
Fax +41-(0)31-3354358
e-mail: info@fnch.ch
Internet: www.fnch.ch

Register

Bildnachweis

Die Farbfotos wurden von dem bekannten Pferdefotograf
Horst Streitferdt aufgenommen.
15 Fotos stammen von der Autorin Ulrike Amler (S. 9 unten,
10, 18, 26 unten, 34 unten, 43 oben, 44, 50 unten links, 76
unten rechts), 9 Fotos von Felix von Döring / Kosmos (S. 66
oben u. links, 67 mitte, 99, 100, 101, 104), 2 Fotos von Garten-
schatz GmbH (Heraustrennkarten „Für Kenner"), 5 Fotos von
Klaus-Jürgen Guni / Kosmos (S. 25 oben und unten links, 40
oben, 89 oben, 115 mitte), 1 Foto von Lothar Lenz / Kosmos
(S. 67 oben) und 3 Fotos von Christof Salata / Kosmos (S. 60,
67 unten, 77 unten rechts, 92).

Die Zeichnungen erstellte Cornelia Koller (S. 79, 86).

Impressum

Umschlaggestaltung von eStudio Calamar unter Verwendung
zweier Farbfotos von Horst Streitferdt / Kosmos.

Mit 231 Farbfotos und 2 Farbillustrationen.

Unser gesamtes lieferbares Programm und viele
weitere Informationen zu unseren Büchern,
Spielen, Experimentierkästen, DVD, Autoren und
Aktivitäten finden Sie unter **www.kosmos.de**

© 2010, Franckh-Kosmos Verlags-GmbH & Co. KG,
Stuttgart
Alle Rechte vorbehalten
ISBN 978-3-440-11786-6
Redaktion: Katja Pauls
Gestaltung und Satz: Atelier Krohmer
Produktion: Claudia Kupferer
Printed in The Czech Republic / Imprimé en République
Tchèque

FSC
Mix
Produktgruppe aus vorbildlich
bewirtschafteten Wäldern,
kontrollierten Herkünften und
Recyclingholz oder -fasern

Zert.-Nr. SGS-COC-004278
www.fsc.org
© 1996 Forest Stewardship Council

Zum Heraustrennen
Praktische Info-Karten